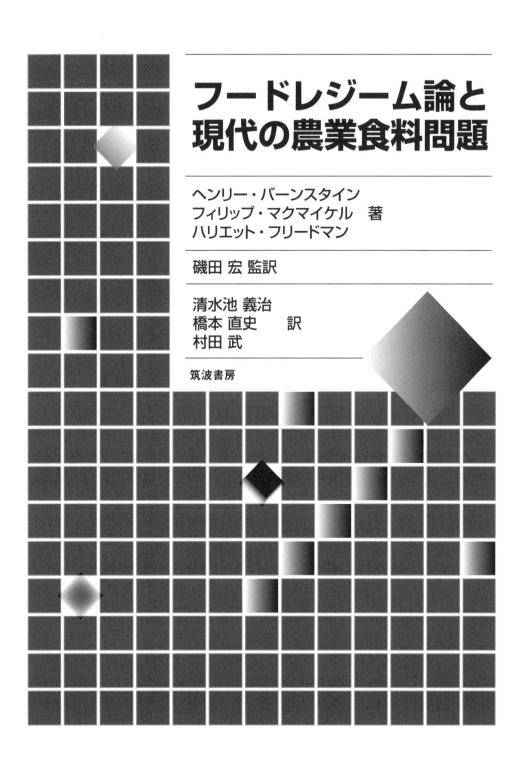

フードレジーム論と現代の農業食料問題

ヘンリー・バーンスタイン
フィリップ・マクマイケル　著
ハリエット・フリードマン

磯田 宏 監訳

清水池 義治
橋本 直史　　訳
村田 武

筑波書房

目　次

【凡例】

　１．本書は，*The Journal of Peasant Studies*（JPS），2016，Vol. 43, No. 3, pp.
　　611-692で組まれた特集BERNSTEIN-MCMICHAEL-FRIEDMANN
　　DIALOGUE ON FOOD REGIMESを構成する，Henry Bernstein,
　　Philip McMichael，およびHarriet Friedmannの3氏執筆論文の全訳で
　　ある。

　２．本書各頁左欄外の頁番号は，上記JPS原論文における開始頁を示す。

　３．邦訳文中の強調および脚注は，原論文のそれである。

　４．原論文では文献リストが各論文毎の末尾に記載されているが，本書
　　ではそれらを一括し，かつ重複を除いて列挙した。そのうち＊印を
　　付したものは原論文にはなく，監訳者解説に固有の引用文献である。
　　また文献リストのうち，単行本で邦訳書の存在を確認できたものに
　　ついては，その書誌情報を追記した。

I
農業政治経済学と近代の世界資本主義：
フードレジーム分析の貢献

ヘンリー・バーンスタイン

p.611 **要約**

　本論文は，1989年発表のハリエット・フリードマンとフィリップ・マクマイケルによる画期的な論文と，その後の彼らの（個別の）業績を辿り，フードレジームとフードレジーム分析を選択的に概観する。本論文では，フードレジーム分析の8つの重要な要素，あるいは諸次元を特定する。すなわち，国際的な国家システム，国際分業と貿易の諸パターン，それぞれのフードレジームの「ルール」と言説上の正当性，農耕における技術的・環境的変化を含む農工間関係，資本の支配的形態とその蓄積諸様式，（資本と国家以外の）社会的諸力，特定のフードレジームにおける緊張と矛盾，フードレジーム間の移行である。これらの要素・局面は，現在までの世界資本主義の歴史において3つのフードレジームを要約するのに用いられている。すなわち，1870年から1914年までの第1レジーム，1945年から1973年の第2レジーム，新自由主義的グローバリゼーションの時代にマクマイケルによって提唱された1980年代以降の第3企業フードレジーム（Corporate food regime）である。解説の中で理論と方法，論拠の問題点を言及しつつ，最終節では「企業フードレジーム」の「農民的転回」（peasant turn）とそれに関係する分析的・実証的な弱点を批判して総括を行う。

キーワード：世界資本主義，食料，国際分業，農業政治経済学，「農民的転回」

1

はじめに

　1960年代以降に再起を遂げた農業政治経済学（agrarian political economy）にとっての中心的な関心事は，(1)原型となる英国と他の欧州諸国，とりわけ19世紀後半と20世紀前半のロシアにおける資本主義への転換，(2)ラテンアメリカ，アジア，アフリカの植民地条件下の農業変化（agrarian change）の歴史，(3)現在は政治的に独立している旧植民地における，典型的には工業化に力点をおく一国的発展（national development）の展望と問題点，とくにそこでの農業転形の役割に対して，上述の資本主義への転換と農業変化の妥当性，であった。これら歴史的かつ現代的な関心事の全てが相互浸透して結びつくことで，「農民問題」（peasant question）は，社会経済的にも政治的にも多様な構成をもつことになったのである。

　「農民問題」の社会経済的な関心の焦点は，資本の時代における農村部の商品化の力学と，資本主義を決定づける諸階級の形成だった。この場合の諸階級とは，農業資本，資本主義的土地所有，農業賃労働であり，その原動力は「上からの蓄積」，あるいは「下からの蓄積」だった。ここで重要な問題は，資本主義的発展の経過における農民諸階級の「消滅」，「上からの」略奪とプロレタリア化，ならびに「下からの」階級分化を通じた農民諸階級の他の階級への「転形」，現代資本主義における農民の広範な「残存」という明確に例外的な事象，であった。

　「農民問題」の政治経済学的な関心の焦点は，封建主義・帝国主義・資本主義に対する農民の闘争および近代国家形成に果たした彼らの役割，農民による資本と政治権力への「日常的な抵抗形態」の起源と効果，「一国的発展」と社会主義建設の経験における「農民問題」であった[1]。

　加えて，これらの研究で暗黙的，かつ惹起された激しい論争は，農業変化における「内部」「外部」の力学（dynamics）と決定要因（determinants）

1）農業政治経済学に関するこうした論評の精査および多数の参考文献については，Bernstein and Byres（2001）を参照。

2

であった（Bernstein 2015）。欧州における資本主義への転換は，主に農村「内部」の社会的諸力の観点から論じられた。一方，植民地の歴史は，主に「外部」の諸規定，すなわち欧州における「本源的蓄積」に対する貢献の強要を含む農民の帝国主義への従属という観点から論じられた。とはいえ，植民地支配によって導入され押し付けられた商品化のタイプが農民の階級分化を排除したわけではなかった。逆説的だが，植民地主義終焉後の一国的発展の問題の焦点は，主に「内部」の焦点に戻った。つまり，農村と都市，農業と工業における社会的諸力，工業化を促進，あるいは抑制する今では独立した国家の役割（工業化への農業の寄与を含む）である。それらの寄与は，資本家，あるいは植民地資本主義によって不完全にしか転形されなかったがゆえにしばしば「前期的資本家」と見なされる支配的な農業諸階級（agrarian classes）によって，促進されたり，あるいは抑制されたりしたかもしれない。例えば後者は「半封建」論争の焦点となった。

　先取りして言うと，ハリエット・フリードマンとフィリップ・マクマイケルの論文「農業と国家システム：国民農業の興隆と衰退，1870年から現在まで」（Friedmann and McMichael 1989）は，その時点における歴史社会学／政治経済学の最も豊かな議論のひとつであることが証明され，その後，フードレジーム分析の基盤的研究と見なされた。両著者の目的は，彼らの表現で言うと「世界史的な観点」から，「資本主義世界経済の発展と国家システムの軌道における農業の役割」を探求することであった（Friedmann and McMichael 1989, p.93）。フードレジームの概念は，食料生産・消費に関わる国際関係と，資本主義的蓄積を幅広く時代区分する蓄積様式とを結びつけ（p.95），これまで２つのフードレジームが特定された。すなわち，世界経済における英国覇権下の第１フードレジーム（1870年から1914年まで），戦後世界経済における米国覇権下の第２フードレジーム（1945年から1973年まで）である[2]。

　フードレジーム分析の登場によって，農業に関する資本主義世界経済の理論的・歴史的枠組みに利用できる手法が非常に豊富になった（強調は著者）。

さらに，フードレジーム分析は，以下のように，古典的な「農業問題」というより，歴史的かつ地理的なものも含め，いくつかの意味で非常に異なる方向性から生まれた。

p.613　　第1に，フードレジームの時代区分は，1870年代からの転換点を指し示した[3]。1870年代は，基礎的食料がますます大規模に，世界市場向けに，かつ長距離（大洋横断的）輸送を前提に生産され始めた時期であった。

　　第2に，基礎的食料の大規模な国際貿易は温帯の入植者植民地，すなわち米国・カナダ・アルゼンチン・豪州・ニュージーランドに着目し，これら諸国は19世紀後半以降，穀物の，ついで食肉の主要な輸出産地となった。

　　第3に，アジアと欧州の前資本主義的な農業階級社会で見られるようなあらゆる意味で「農民諸階級」を欠いた入植者地域で，新たな社会形態である商業的な「家族農場」が輸出向け基礎的食料を生産する中心となった[4]。

　　第4に，第1フードレジームで生じ始めて第2フードレジームから具体化した，食料世界市場の多様な力学と（矛盾した）諸規定は，農業問題の受け継がれた概念の中心で，階級諸主体と制度諸形態の限定されていた諸範疇を拡大した（Bernstein 1996/1997）。

　　Friedmann and McMichael（1989）は，世界資本主義の新たな局面，「グ

2）フリードマンとマクマイケルは，フードレジームの期間区分におけるAglietta（1979）によるレギュラシオン理論の影響を明確に認めているが，それ自体においてPolanyi（1944）とArrighi（1978）も重要な影響を及ぼしている。その後，ウォーラーステインの世界システム論（Wallerstein 1983）の影響も認めている（たとえばFriedmann 2000）。1989年の原型となった論文は，「レギュラシオン学派の焦点を国民国家から諸国家のシステムへ，工業から農業へと移行させた。また，初期の世界システム論に，歴史的に特定の商品複合体に関わる階級関係と地理的専業化の実証的な描写を加えた」（Friedmann 2009, p.335）。Friedmann（1982）では「国際食料秩序」という表現であり，「フードレジーム」という用語が初めて用いられたのはFriedmann（1987）の中であった。

3）また，もちろん，Lenin（1964）の学説における近代帝国主義の始まりの時期でもある。

4）アフリカの大部分はそうではない。Goody（1982）参照。

ローバリゼーション」（あるいは「新自由主義的グローバリゼーション」）の局面，その諸原因と諸結果に関心が集中していた際に，最もタイミングよく登場した。当該論文の示した「現在」から25年余りが経過し，食料の生産・消費と農業における変化に対してより広範に，ならびにグローバルな不均衡と環境破壊・持続可能性とを関連づける力学に対して，ますます多くの関心が払われるようになってきた。要するに，諸問題の包括的な複合体が生じ，そこでフードレジーム分析は高度に影響力を持ち，1980年代以降の第3フードレジームの形成と特徴，影響に関する議論を生み出してきた。

　本論文は選択的としかなりえない概説を提供するにとどまる。というのはフードレジーム分析および関連した諸潮流（とくに政治環境学（political ecology））は，かつてなく拡大する範囲，野心，および多様性からなる多量の文献を生み出しているからである[5]。まず，フードレジーム分析の重要な諸定式と主張を予備的に示し，続いて今日までに特定された資本主義世界経済における継起的な諸フードレジームの移行を要約する。最後に，理論と手法，論拠に関するさらなる問題点を含む議論と考察について論評する。そして，最も話題性があり最も大きな関心を惹きつけているため，現在のフードレジーム――もしもそれがあるなら――についても付言する。

近代資本主義におけるフードレジーム

　フードレジーム分析は，1870年代以降に変化している資本主義の政治経済学（「転形」）におけるいくつかの根本的な問題を考慮する。

・資本主義の国際経済で，（どのような）食料が，どこで・どのように・誰によって生産されているか？

5）他の参考文献としては，Magnan（2012）によるフードレジーム分析の解説，McMichael（2009）の「フードレジームの系統研究」，そして彼の近著である『フードレジームと農業問題』（McMichael 2013）がある。関心のある読者は，上記の多くの参考資料・文献を参照されたい。

・食料はどこで・どのように・誰によって消費されているか？ それはどのようなタイプの食料か？
・それぞれのフードレジームにおける食料の生産・消費に関する国際関係の社会的・環境的な効果はどのようなものか？

p.614 非常に簡略的に述べると，上記のような問いへの回答にはそれぞれのフードレジームに関する研究が必要である。すなわち，フードレジームの決定要因と原動力，フードレジームのいわば「型」と諸結果，フードレジーム内あるいは諸フードレジームに対抗する闘争および諸矛盾への反応を含むフードレジームの緊張，危機，そして移行である。

それぞれのフードレジームで特定されている——そしてその決定要因と原動力，「型」，諸結果に影響を及ぼす——重要な要素は，以下の通りである。

・国際的な国家システム
・国際分業と貿易の諸パターン
・それぞれのフードレジームの「ルール」と言説上（イデオロギー上）の正当性
・農耕における技術的・環境的変化を含む農工間関係
・資本の支配的形態とその蓄積諸様式
・（資本と国家以外の）社会的諸力
・特定のフードレジームにおける緊張と矛盾
・フードレジーム間の移行

よって，諸要素（「諸要因」）の包括的なリストは，過去150年間に適用されるフードレジーム分析がもつ「世界史」的な視野と野心とを表現しているのである。

「フードレジーム分析を際立たせているのはそれが，食料循環の諸パ

6

ターンをつうじて表現されているような，農業における資本蓄積諸形態
がグローバルなパワー（power）配置を構成するあり方を，優先するこ
とである。フードレジームの概念は，近代資本主義の政治的・環境的諸
関係という大きな書き物に対する，他に類例のない比較史的なレンズ
（lens）を提供するのである」（McMichael 2009, p.141, p.142）

　もちろん，この後すぐに示すように，フードレジーム分析の多様で内部連
関的な要素を把握し，特定のフードレジームの構築に用いられる議論と論拠
を通じたそれらの説明力を評価するのは，いくぶん容易である。まず，フ
リードマンとマクマイケルの原型となった論文以降，フードレジーム分析の
分析的・テーマ別手法を拡大してきた理論の精緻化を簡潔に示しておくこと
が有益である。
　たとえば，フリードマンは，よりルールに基づく，あるいは「制度」のタ
イプに基づくフードレジームの定義を以下のように示す。

　　「相補的な諸期待が，食料の生産・製造・流通・販売の全ての側面に関
　　わっている農業者，企業，労働者に加え，政府機関，市民，消費者と
　　いった全ての社会構成員の行動を規定する，相対的に区分された歴史的
　　な期間」（Friedmann 2004, p.125）

　そのような期待は，それぞれのフードレジームにおいて作用していると幅
広く受け入れられている「ルール」，しばしば暗黙的な「ルール」を反映し
ている。それはフードレジームに関する彼女の以下の考えと結びついている。

　　「（フードレジームは）持続するが，それにも関わらず，諸利害と諸関係
　　の一時的な集合である。（中略）最も安定的な場合でさえ，フードレ
　　ジームは，最終的には危機に至る内部の緊張関係を通じて展開する。
　　（中略）この点で，暗黙的であったルールの多くは，言語化されたり論

争の的になったりする。（中略）そのフードレジーム自体と同じくらい長い間，論争は続いてきた」（Friedmann 2005, pp.228-29，強調は引用者；前掲論文, pp.231-34；McMichael 2009, pp.142-43も参照）

　フードレジーム分析のテーマ別領域は，以下の2点を取り込み，さらに拡張された。第1にフードレジームの形成，機能，緊張，危機をもたらす社会運動，第2にフードレジームの力学とその矛盾の中心となる環境変化である（Friedmann 2005）。

　より最近では，マクマイケルが，フードレジーム分析に関する最も体系的で広範囲な指摘をしている。彼の「フードレジームの系統研究」は以下のように言及する。フードレジームの最初の概念は「主として構造的」（McMichael 2009, p.144）で，「フードレジーム分析は，世界秩序における覇権の諸契機のかなり様式化された時代区分から，移行の諸契機，ならびに構築・再構築されるフードレジームに関与するさまざまな社会的諸力に再び焦点を合わせたものへと進化」（前掲論文, p.163）し，今日では，「従来のフードレジーム概念は，我々が，移行や，大規模でグローバルな不確実性を経験するにつれて，転形を遂げつつある」（McMichael 2013, p.7）。

　McMichael（2013）は現在，「フードレジーム・プロジェクト（The Food Regime Project）」という概念を用いている。それは，第1フードレジームは「植民地プロジェクト（The Colonial Project）」，第2フードレジームは「開発プロジェクト（The Development Project）」，第3（現在の）フードレジームは「グローバリゼーション・プロジェクト（The Globalization Project）」，実際には資本と国家の全ての「プロジェクト」を，それぞれ示していると特に指摘する。しかしながら，マクマイケルにとって，「フードレジーム・プロジェクト」は，特定の知的アプローチの課題と知見を表現するだけではなく，アグロエコロジー（agro-ecology）を擁護する農業者の抵抗運動から，現在の「企業（Corporate）」フードレジームに対する（「世界史的な」）異議を含有しているように見える。つまり，「資本のフードレジー

8

ムは，非常に広範囲の農業危機をもたらし，今や，農村部を安定させ，地球を保護し，農耕の文化と多様性に加えられている新たな攻撃に抵抗する食料主権を前進させる運動を成長させる存在として立ち現れてきた（以下略）」（前掲論文，p.19）。

　続いて，近代史における継起的な諸フードレジームに議論を移していくが，そのことによって，これまで言及された分析的要素に実質を与え，フードレジーム分析の適用における理論と手法，論拠を特定するのに役立つ。

第1フードレジーム

原型としての定式化

　Friedmann and McMichael（1989）は，欧州諸国による，アルゼンチン，カナダ，米国，豪州，ニュージーランドといった「入植者国家（settler states）」からの小麦と食肉の輸入を中心とした「第1フードレジーム」を特定した。これらの「安価な食料」は，英国と他の欧州諸国の工業発展を保証するのに役立った[6]。世界経済におけるこの英国覇権期はまた，アジアとアフリカにおける欧州植民地主義の絶頂──「占領」の植民地──でもあり，さらに従前の「入植」植民地が今や独立していくという「国民国家システムの台頭」の時代でもあった。これは「完全な諸国間（inter*national*）分業」[7]の政治的基盤を提供し，以下の主要な3つの地帯から成っていた。

　(1) 温帯の「入植者」植民地である「新欧州」（Crosby 1986）における
　　　穀物・食肉生産への専門化

6）マクマイケルは，後に第1フードレジームの時期を1870年代から1930年代までと定め，第2フードレジームが出現する前で第1レジーム終焉の後に続く30年間（1914年から1945年まで）を事実上，含めている（McMichael 2009, p.141）。

7）「諸国間（Inter*national*）」は，後述するような諸国の政治的範囲を超えて超国籍，あるいは「グローバル」になるというより，この局面では諸国民経済の間での交換を示す。

(2)（より）安価な小麦輸入に直面した，少なくとも大規模な穀物生産地
　　である欧州における農業危機と，その結果としていくつかの国々にお

p.616

　　ける保護主義的政策と農村部の移民排出の加速（離散者在住地
　　[diasporas]としての「入植」植民地への排出を含む。以下を参照）
(3)　アジア・アフリカ植民地における熱帯性輸出作物への専門化

　フリードマンとマクマイケルの第1フードレジームの分析は，一国的・国
際的な力学とそれらの相互作用といった巧妙な弁証法を展開した。その弁証
法では，ロンドンのシティが運用する金本位制を通じた国際貿易の決済が重
要な基礎をなした。確かに，近代の世界資本主義の諸契機における貿易，投
資，政府による借入れに関係する金融資本の機能は，我々が見るように，
フードレジーム分析の中心であり続けている。
　それ自体，偶然である「資本主義の一国的枠組み」は，植民地の専門化を
諸国間（inter*national*）の専門化に置き換える基礎となった（Friedmann
and McMichael 1989, p.100）。「19世紀後半の世界農業は，以下のような3
つの，工業との新たな諸関係をもっており，それらすべてが入植者国家と欧
州諸国の間の国際貿易をつうじて媒介されていた。すなわち，

(1)「（植民地貿易のように）気候と社会組織の相違に基づく相補的な生産
　　物から，リカード的な比較優位に基づく競争的な生産物への移行（中
　　略）」，よって「必要不可欠な生活手段において初となる価格に支配さ
　　れた（国際）市場」（Friedmann 2004, p.125）
(2)「資本主義経済部門として，農業と明確に区別された工業と結びつく
　　市場（中略）」（たとえば，農耕の化学投入材・機械の利用拡大，特に
　　鉄道といった輸送手段の進歩）[8]
(3)「工業と農業という商業的諸部門の相補性，それは国際貿易に起源を
　　持ち，またそれに依存し続けたのだが」，それが欧州でも（今や独立
　　した）入植者国家でも，「逆説的なことに一国的に組織された経済の

10

表1　第1フードレジーム（1870年から1914年まで）の要約

国際的な国家システム	国家システムの形成 ・英国と欧州 ・入植者国家 ・「植民地主義の絶頂」（アジアとアフリカ）
資本の支配的諸形態	英国（および他の欧州諸国）の産業資本？ 国際貿易における金本位制（ロンドン基盤の，すなわち英国の金融資本）
労働と貿易の国際分業	世界市場における英国覇権 ・入植者国家：欧州への小麦輸出 ・欧州の穀物生産の危機 ・植民地からの熱帯性作物の輸出（欧州やその他へ）
ルールと正当性	（英国によって推進された）「自由貿易のレトリック」
社会的諸力	欧州の労働者階級？ 入植者国家の家族農場？
技術的・環境的変化	入植者国家における農場フロンティアの拡大（と土壌採掘），耕作地の拡張
緊張と矛盾	？

中に内面化された」（Friedmann and McMichael 1989, p.102, 強調は原文）。

　フリードマンとマクマイケルは1870年代からの第1フードレジームの出現と機能に焦点を当てる一方，商品としての農産物，特に砂糖と他の熱帯性作物の（第1フードレジーム）より早い時期の国際貿易について考慮していない[9]。しかしながら，「基礎的食料の世界価格」（McMichael 2013, p.24）の確立は，フードレジームの顕著かつ世界史的な特徴である。McMichael（2013, pp.22-24）にとっては，それより以前の（植民地）貿易はフードレ

8）入植者国家における農業は「その外部的な結びつきにおいて工業的であった。つまり，工業から資材を購入し，原材料を最低限の加工を行う工業に供給した」のではあるが，まだその労働過程では工業的な生産を内面化していなかった（Friedmann and McMichael 1989, p.102, p.111, 強調は原文）。農業のより包括的な工業化は第2フードレジームでより強く生じ，後述のように，今日では政治環境学（political ecology）の中心的な焦点となっている（Weis 2010による優れた分析を参照）。

9）確かに，Sydney Mintz（1985）による画期的な業績は，フードレジーム・アプローチの成立に寄与した。

ジームにとっての「先史」に相当するのであって，私が後に考察するアジアとアフリカ（およびラテンアメリカ）における農民存在の転形というよりもプランテーションに簡潔に言及するにとどまる。

　なぜ第1フードレジームが終焉したかという疑問は，フリードマン・マクマイケル（Friedmann and McMichael 1989およびそれを要約した筆者作成の表1）においては言及されなかったが，フードレジームの諸危機とレジーム間の移行は後に続く概念でより中心となった。すなわち，特に第2フードレジームの終焉と第3レジームの形成に関わる論争に関連して，である（後述）。

p.617 第1フードレジームの精緻化

　第1フードレジームの原型としての定式化は，国家に強い焦点を当てており，そしておそらく資本中心的でもあり，そこには金融，貿易，産業資本，および国家を伴っていた。しかし中心舞台と農業資本（および他の農業諸階級）はほとんど欠落していた。前節で言及したように，フードレジーム分析のその後の精緻化では，第1レジームとその危機・終焉に関するさらなる考察はなかった。

　フリードマンは，「自由貿易のレトリックと金本位制の実際の作用の中で形作られた」（Friedmann 2005, p.229）第1フードレジームを再検討し，後に「入植者−植民地フードレジーム」（Friedmann 2004），そして「植民地−離散者在住地（diasporas）フードレジーム」（Friedmann 2005）と称した[10]。ここで，彼女は，第1フードレジームは，入植者植民地における欧州の離散移民から生まれた「輸出市場依存の新たな農業者階級」を生み出したことを強調する（Friedmann and McMichael 1989, p.100を発展させる形で）。「確かに，植民地−離散者在住地フードレジームの中心をなす革新は，家族労働に基づいた完全に商業的な農場であった」（Friedmann 2005, p.35）。

10）McMichael（2013, pp.26-32）は，「英国中心の帝国フードレジーム」とも称した。

特定の社会的・環境的状況における農場生産の特定の形態[11]の強調は，なぜ米国から欧州への穀物輸出が非常に「安価」であったかの説明に用いられている。これは，資本主義的発展に関する政治経済学の古典的かつ馴染みのあるテーマと共鳴する。すなわち，基礎的食料の価格とその賃金水準への影響，労働力の再生産費用，そして可変資本の支出とその蓄積への影響である（とりわけ，Araghi 2003, Moore 2010a, 2020bによる最近の分析を参照）。

論評

　ここで，フリードマンによる以下の留意点に言及せねばならない。「第1レジームでは，米国は支配的な小麦輸出国ではなく（中略）」，移民や入植者によって設立された「多数の新たな輸出地域」（のひとつ）であり，その他の地域としてパンジャブ，シベリア，ドナウ川流域を彼女は指摘した。第

p.618 1・第2フードレジームの間の重要な結びつき，そして，第1フードレジームは「米国の家族農耕フロンティア」（McMichael 2009, p.144）に根ざしていたという考えに基づいて，両レジームでアメリカ合衆国へ強く焦点を当てると，この点（米国は輸出国のひとつに過ぎなかった点）は容易に見落とされるかもしれない。おそらく，これは，世界資本主義における米国の紛れもない覇権と1945年以後の第2フードレジームから，「歴史を逆に読む」例なのではないだろうか？

　特に米国のプレーリー（prairies）に関係して，フリードマンは小麦輸出が安価な理由として2点を挙げた。第1に，「男性，女性，子どもの不払い労働，つまり家族労働に依存することで，英国や他の地域の農場と比較して費用を削減できた（中略）。農業労働者の悪名高い搾取にもかかわらず，英国農民は賃金を支払う必要があった」（Friedmann 2005, p.236）と彼女は示唆した。これは，「自己搾取」が可能な「家族」／小規模農耕を踏まえると，「家族」／小規模と資本主義的／大規模の農耕との間の相対的な「効率性」

11）この特定要素はフリードマンの過去の業績に由来する（Friedmann 1978a, 1978b, 1980）。

13

に関する，もうひとつの長年続く論争と関わる。この理論適用は，説得力がないように思える。米国の家族農場は，日常生活かつ世代の再生産に必要な費用（「賃金」相当分）を充足させねばならなかった。一方，農場労働者世帯の女性と子どもの労働もまた，欧州の資本主義農耕で一般的に搾取されていた。よって，離散者在住地家族農耕の（貨幣的な）コスト，すなわち価格の優位性を示すこの説明を支持する根拠はない。

　第2として，おそらくフリードマンの考えによると，(1)欧州標準よりもはるかに大規模な「家族農場」での穀物モノカルチャーの影響を受けて，同時代の「（生産性の：著者挿入）測定方法が単位面積あたり収量から1人あたり収量へシフト」（Friedmann 2004, p.127）し，(2)入植者国家での労働力不足が，そしてこの場合おそらくプレーリーの家族農耕における平均的な労働生産性に著しい差があった（さらにそれが拡大している）ことが，それが生産する穀物価格に体現されたのである[12]。加えて，プレーリー農業の労働生産性は，たとえそれが「土壌採掘（soil mining）」による一時的なものだったとしても，未開拓地の耕作における初期の大規模な「生態的地代（ecological rents）」からの恩恵があった（Friedmann 2005, p.236；Friedmann 2000, pp.491-94）。

　第1フードレジームにおける社会運動とその役割とは何か？　Friedmann（2005）による「社会運動」の導入にもかかわらず，第1レジームでの記述は，その後の，特に第3フードレジームにおける記述と比べて少ない。1870年から1914年までの期間についての社会運動は，より良い食事を含む生活水準の改善を求めて（成功裏に）闘う欧州労働者階級の運動に関する一般的な言及と，米国とその他地域の商業的家族農業者の「新しい階級」の若干の詳

---

12) また，ここでは18世紀から19世紀にかけてのイングランドの資本主義的「ハイファーミング」の限界例が明らかにされている。この農業は，大西洋を超えてくる穀物に価格面で打ち負かされるまでは，高い労働集約度と圧倒的な収量を誇った。「ハイファーミング」の功績とその条件は，Friedmann（2000, pp.489-91）やMcMichael（2013, pp.70-71）が参照するColin Duncan（1996, 1999）の業績で強調されている。

述がなされているだけである（Friedmann 2005, p.238；Friedmann 2000も
参照）。社会運動が強力な組織的政治勢力になったのは，第1レジームの後
になってのことである（Winders 2012）。

　そして，第1フードレジームの危機と終焉はどうか？　前述のように，こ
の点は多く考察されてこなかった。土壌採掘の「生態系的破局」は1930年代
におけるダストボウルで劇的になったが（Friedmann 2000, p.493），これも，
第1フードレジームを1914年で区切るのであれば，その終焉の後のことであ
る。そうでないとすれば，以下で結論づけられるように，「20世紀初頭の英
国中心の世界経済の終焉」の中に解消される，より一般的な要因のリストが
あるだけである。

p.619
「欧州諸国間の国民的・帝国的紛争と金本位制の崩壊。第1次世界大戦
以降の経済不況と都市部の失業，加えて，安価な輸入穀物を原因とする
広範な農業危機と，その結果として広まった保護主義。欧州における経
済ナショナリズムと米国のダストボールという生態系的災害が，土壌採
掘のフロンティア・モデルと第1レジームの自由貿易の末路を決定づけ
た」（McMichael 2013, pp.31-32）

　要約すると，第1フードレジームの終焉は，1914年の第1次世界大戦の勃
発とそれに至る経緯によって明確に示された[13]。この大戦後に，不確実性
の1920年代，1930年代の世界恐慌（ともにマクマイケルが指摘），そして第
2次世界大戦が続いた。つまり，この30年間は，とりわけ，米国のニュー
ディール政策における農業政治，戦時経済組織，1945年以降の米国の農業・
外交政策を通じて，第2フードレジームに向かう道を準備した。これらの全
ては，フードレジーム分析によって非常に多く考察されてきている。

13）Magnan（2012, p.377）は，世界穀物価格が崩壊した1925年から1945年の間に，
　　第1フードレジームの危機を位置付ける。

第2フードレジーム

原型としての定式化

　1945年から1973年までの期間において，資本主義世界経済における米国覇権と，国際貿易と金融取引の媒介物としての米国ドルの文脈において，アジア・アフリカにおける旧植民地からの独立国家の出現を伴う国際国家システムの拡張（そして完成）をみた（Friedmann and McMichael 1989）。第2フードレジームの出現と機能は，北側諸国（the North）（第一世界）と南側諸国（the South）（第三世界）の資本主義諸国に非常に異なる影響を与えてきた。

　北側諸国では，いくつかの発展（あるいは逸脱）があった。第1に，米国の農業政策が，特に小麦や飼料用トウモロコシの過剰生産と，それが価格，すなわち農場所得の圧迫問題に長く取り組んできた結果，価格支持よりも農場所得への直接助成という方向に進み，それがさらなる（過剰）生産を促したことであった[14]。生産と生産性の向上は，包括的な技術変化によっても促進され，今や穀物余剰の処理に役立つ食料援助という形態の外交政策と結びついた。最初はマーシャル・プラン（Marshall Aid）による欧州の戦後復興，続いて1953年制定の公法480（PL480）下の第三世界に対する援助であった。

　第2の，そして決定的な展開は，今やますますグローバル化するアグリビジネス企業の影響下での「（農業）部門の超国籍的な再編成」と，農業・食料複合体（agro-food complexes）を生み出すそれら企業の役割である。そ

---

14) 1930年代の「生態系的破局」の後にどのように米国の穀物余剰が非常に急速に再発したかに関わる説明は，第2フードレジームと，第1レジームから第2レジームへの移行において依然として理解しにくいままである。ニューディール農場支援プログラムと，1935年に設立された土壌保全局が，最も被害の大きかった地域（南部の高原地帯）に適用した対策も同様に重要だった。1930年代の世界大恐慌の最中のダストボウルという劇的事件と米国の環境保護政策は，アフリカの植民地政府を含めて幅広い国際的な影響を及ぼした（たとえばAnderson 1984）。

れは，グローバルな調達を通じての「原料投入材と最終消費との間の各段階における資本による分離と媒介の増加」（p.113）を特徴とする。これは，(1) 食肉生産・消費の大規模な拡大，すなわち「集約的食肉複合体」，あるいは「食肉／大豆／トウモロコシ複合体」の出現（pp.106-08），(2)「耐久」，あるいは加工「食品複合体」，そして (3) 熱帯産の砂糖および植物油の，穀物由来甘味料と大豆油による代替に現れた（p.109）。

p.620　　第2フードレジームの中心をなすこれらの展開は，北側諸国における農産物・家畜生産とその連鎖（「肉／大豆／トウモロコシ複合体」）のより完全な工業化をも刻印した。戦後復興，並びに1950年代と1960年代の好景気の文脈において，北側諸国は所得上昇と大量消費の拡大を経験した。欧州では，農業政策は「国内農業の再国産化」（p.109）によって米国のパターンを複製することを狙い，その結果として欧州のいくつかの国々も穀物（特にフランス）と他の農産物の余剰生産者となり，国際市場での「ダンピング」を追求した。

　　第三世界にとって，PL480を通じた補助金付きの米国の小麦輸出（と大豆油）は，国内の食料用農業生産を犠牲にして，工業化とプロレタリア化を促進するために「安い」食料を提供するものとして，多くの政府によって受け入れられ，歓迎さえされた（そしていくつかの場合で，新興農業輸出志向をもたらす場合すらあった）。これは，南側の多くの諸国にとって食料輸入依存の始まりを示した一方，それとは反対の傾向として「緑の革命」技術の促進があり，その結果として，特に南アジアと東南アジアの一部で穀物生産の一国的自給率が顕著に上昇した[15]。

　　同時に，米国（および後にEU）の小麦と他の農産物の補助金付き輸入は，「（当該第三世界の：訳者挿入）農業・食料部門における資本の主要な組織的変化の外部に留ま」（p.105）り，強力なアグリビジネス企業の出現と，企業が推進（あるいは強制）する農業生産で進行する工業化，そして第三世界の

15）Friedmann（2009, p.337, 注5）は，後に，第2フードレジーム期の南側諸国の食料輸入依存の一般化に対する「重要な例外，特にインド」について述べた。

食料輸入依存が，これから見るように，第2フードレジームの主要な遺産として残された。

Friedmann and McMichael（1989）は，論文のタイトルにあるように，第2フードレジームの終焉が「国民的農業の衰退」を意味することは明らかであったものの，第2フードレジームの緊張と1973年からの危機については中心的に扱っておらず，後の分析でより詳述される。

精緻化

その後の第2フードレジームの詳細な分析によって，第2レジームは，「余剰レジーム，1947-72年」（Friedmann 1993），「重商主義的－工業的フードレジーム」（Friedmann 2004），「米国中心の集約的フードレジーム」（McMichael 2013, pp.32-38）とさまざまに呼ばれてきた。さらなる分析で最も詳細なものはFriedmann（1993）で，複雑かつ巧妙な議論で前述された主要な流れを辿って，多数の諸規定の相互作用を特定し，説明した[16]。以下は，その重要な事項である。

第1に，事実上，米国によって確立された第2フードレジームの「ルール」は，「強度の一国的規制という新たなパターンを生み出した」（Friedmann 1993, p.32）。この過程における重要な契機点は，フリードマンが「アトランティック・ピボット（Atlantic Pivot）」と呼ぶもので，「大西洋経済を中心とする超国籍農業・食料複合体（transnational agro-food complex）の企業組織」，すなわち，米国と欧州との結びつきであった（Friedmann 1993, p.36）。しかし，この（輸出補助金を含む価格支持を中心とする）編成を形づくった特殊なタイプの重商主義は，「特に欧州経済共同体（EEC）と米国との間のダンピング競争と潜在的な貿易戦争につながった」（Friedmann 1993, p.39）。

第2に，農業の工業化であり，おそらく，農耕と工業との従来の「外部的
p.621 な結びつき」（前述）を超えて進展し，米国やその他の北側諸国の農耕労働

16）私の評価では，これはフードレジーム分析の単独では最も力強い適用であり続けている。

18

過程を転形することになった。これは現在では，農耕の川上の農業資材企業によって推進される，より高度な機械化と「化学化（chemicalisation）」を中心にますます組織化されつつあり，また，飼料（「食肉・大豆・トウモロコシ複合体」）と「耐久食品」の製造向けの両方の意味での川下農業・食料産業の需要に応じた。

　第3に，南側諸国は全体として世界小麦市場における主要な輸入需要地域となった。

　　「輸入政策は，第2次世界大戦終結時に食料をほとんど自給していた
　　国々で20年以内に食料依存を生み出した。そして，1970年代初頭までに，
　　フードレジームは第三世界をハサミで捉えてしまった。片方の刃は輸入
　　食料への依存であった。もう片方の刃は，伝統的な輸出品である熱帯性
　　作物から得られる収入の減少である。もし補助金付き余剰小麦が消滅す
　　れば，国内の食料供給を維持するために，輸入を賄うための，何か別の
　　ハードカレンシー（hard currency）獲得源を見いだすことに依存する
　　ようになってしまう」（Friedmann 1993, pp.38-39）。

　Friedmann（1993）はまた，第2フードレジームの終焉について，2つの関連する力学を中心に，より詳細に説明する。ひとつは，「米国の農業プログラムに内在する国際規模の問題，すなわち慢性的な余剰」を反映した「各国の農業・食料部門の複製と統合との間の緊張」であった（p.32，強調は原文）。「国際通貨としてのドルの下落と結びついた余剰の複製」が「ダンピング競争と潜在的な貿易戦争」（Friedmann 1993, p.39，強調は原文）に寄与したのである。いまひとつは，「超国籍企業が自らが生まれ出た各国的規制枠組みを超越する存在へと成長し，それらの枠組みが，潜在的にグローバルな農業・食料部門のさらなる統合の障害となることに気づいた」（p.39，強調は原文）ことであった。要するに，第2レジームの「工業的」要素と「重商主義的」要素との間の断層，つまり，その奇妙な「資本の自由と貿易制限

19

との組み合わせ」（Friedmann 1993, p.36）が，後者を犠牲にしてその危機を生じさせた（Friedmann 2004も参照）。

1970年代前半の第2フードレジームの危機のきっかけは，以下の通りであった。

> 「デタント（緊張緩和）に伴う米国とソ連との間の大規模な穀物取引（中略）。1972年と1973年の米ソ間の穀物取引は（中略）突然，前代未聞の不足と価格高騰をもたらした。たとえ数年で余剰に逆戻りしたとはいえ，余剰を生んだ農産物プログラムが行われ続けたため，緊張は消滅せず，農場負債と国家債務，国際競争，国家間のパワーバランスの変化によって激化した」（Friedmann 1993, pp.39-40）。

これらの要因のうち，第1に，米国とEUは，貿易自由化の現在の時期に，その批判者が大いに強調する，「重商主義的」要素のある農業補助金を継続的に提供してきたことである[17]。

第2に，米国の「農場負債が1970年代に3倍以上に増加し，農地の高騰と投機によって悪化」（Friedmann 1993, p.40）するとともに，農業者に代わって農業・食料企業が最も効果的なロビー活動を行うようになったことである。「1980年代にバブルが崩壊した際に，米国の農業者は農産物輸出の独占を失い，そして米国の貿易政策における政治的な影響力を喪失した」（Friedmann 1993, p.42）。

第3に，特に南側諸国（および東欧諸国）の国家債務は，1970年代の石油
p.622 価格高騰の影響と借入増加により悪化し，結果的に「債権者によって課せられた構造調整条件という明確な目的（として）（中略），特に「非伝統的」産

---

17) ただし，「農業所得支持の生産からの分離，すなわち価格支持の終了は，北米と欧州であり得る未来である。所得支持への移行は，構造的にすでに起きたことを政策において確認するものであるため，今後も続くだろう」というフリードマンの予測（Friedmann 1993, pp.47-48，強調は原文）には留意すべきである。

品（異国風食品，花，その他の作物といった新しいニッチ市場向け）を対象
とする農産物輸出の促進」（Friedmann 1993, p.50）が行われた点である。

　第4に，農産物貿易における国際競争は，世界市場におけるNACs（「NICs
（「新興工業国」New Industrial Countries）からの類推である「新興農業国
New Agricultural Countries」）の参入や台頭によって激化し，特にブラジ
ルが「国家によって組織された農業・食料生産の米国モデルを複製かつ現代
・・・
化した」（Friedmann 1993, p.46，強調は原文）点である。「NAC現象は，戦
・・・・・・・・・・・・・・・・・・・・・・・・・・・・・・・・・
後フードレジーム以前に存在した世界市場における熾烈な輸出競争を復活さ
・・
せる」（Friedmann 1993, pp.46-47，強調は引用者）。重要なことは，フリー
ドマン論文より後になるが，ブレトン・ウッズ体制のひとつとして1946年に
設立された関税及び貿易に関する一般協定（GATT）に代わって，世界貿易
機関（WTO）が1995年に設立された点である。農業貿易は，米国の主張に
よってGATTから除外されたが，その後，農産物世界市場における競争が激
化するにつれて，最も闘争の対象となるWTOの分野のひとつとなり，WTO
は世界市場自由化の原動力として第3フードレジームの理論で大きな位置を
占める（たとえば，McMichael 2013, pp.52-54。ただし，以下の注41も参照）。

　最後に，国家間のパワーバランスの変化は，おそらく，戦後の資本主義世
界経済における米国覇権の低下を示すが，これは「グローバリゼーション」
の文脈で大いに議論の対象となる仮説である。

　Friedmann（1993, pp.54-57）は，民主的食料政策の社会的基盤を考察し，
食料生産・貿易の「民主的な公的規制」を述べ，結論としている。

論評

　フリードマンによる第2フードレジームの詳細で的確な記述は，第1フー
ドレジームに関する記述と同じく，第2次世界大戦以降の数十年間の国際国
家システムにおける政治力学と編成に関する巧妙な叙述を提供するけれども，
間違いなく主に「構造的」で資本中心的なままである[18)]。これらは，実際
には，その「重商主義的」要素と，それ自体によってますます制限され，つ

21

いに第2レジームの危機で重要な役割を果たした「工業的」要素の諸結果で包括される。

　第2フードレジームの構造化と最終的な崩壊における強い政治的側面は，主に国家と国家間組織の政治とそれらを形成する国内・国際諸力を対象とし，そうすることで論争（と矛盾？）を生み出した（表2）。第1フードレジームの記述と同じく，ここでも「社会運動」の果たす重要な役割は欠落している。その用語を，国家，あるいは選挙やその他の公式の過程（政府の政策に対するロビー活動を除く）のいずれにも基づかない運動を指す最も幅広い（かつ最も緩い？）意味で言うと，「社会運動」の有力候補は再び米国の農場ロビー活動（その延長線上で考えると他の北側諸国の農業ロビー活動も）であり，これらロビー活動は第2フードレジームの衰退とともにアグリビジネスに乗っ取られた（前述）。Magnan（2012, p.377）は，第2フードレジームにおける主要なプレイヤーとして「社会運動」に言及する一方，それが誰なのか，何を意味するかを明示していない。しかしながら，彼は，米国の農業ロビー活動に関するいくつかの示唆に富む見解を示す。

　　「一国的規模では，財政赤字によって多くの新自由主義政府が農業への公的支出を縮小したため，国家と独立農業者階級との間の戦後の同盟は侵食された（EUと米国の「重要な例外」を除いて）。同時に，農業者は経営規模や品目でますます分化し，その数が減少し続けるにつれて，（北米の）農業政治は，より分断され，かつ辺縁化が進んだ」（Magnan 2012, p.380, 強調は引用者）[19]。

---

18) 国家間かつ多国間の組織とルールの面で，Friedmann（2005, 注9と注15, pp.260-61）は，米国議会が反対し，GATTに取って代わられた国際貿易機関（International Trade Organization）の提案（1948年）でより革新的な調整の機会を逃したこと，ならびに国連貿易開発会議（UNCTAD）（1967年）の設立根拠とブラント委員会報告（1980年）と関連して，国際貿易とそれが南側諸国の経済発展に及ぼす諸問題の「グローバルでケインズ主義的な（複数の）解決策」の種類に言及する。

22

表2　第2フードレジーム（1945年から1973年まで）の要約

国際的な国家システム	アジアとアフリカにおける脱植民地化の国家システムの完成（冷戦，米国ブロックとソ連ブロック）
資本の支配的諸形態	アグリビジネス資本のパワー増大と超国籍化
労働と貿易の国際分業	世界資本主義における米国覇権 米国の食料経済における ・「食肉/大豆/トウモロコシ複合体」 ・「耐久食品」の製造 両複合体とも南側諸国から「投入材」を調達 欧州（EU）における，価格支持と輸出補助金を含む，農業の一国的規制という米国モデルの「複製」 南側諸国における ・「一国的発展（national development）」に役立つ米国の食料援助 　　→第三世界の食料輸入依存 ・砂糖と植物油の代替による輸出市場の喪失 ・新しい「非伝統的」農産物と園芸作物の輸出
ルールと正当性	農業の一国的規制という「重商主義的」モデル 米国（と他の北側諸国）による援助，特に米国の食料援助（ソ連の援助と競争関係）に支えられた南側諸国の「一国的発展」
社会的諸力	環境および他の「社会運動」の出現→（第3フードレジームを参照）
技術的・環境的変化	北側諸国における農耕の工業化の新段階＝機械化と「化学化」，すなわち耕作の集約化（と環境面の影響→第3フードレジームを参照）
緊張と矛盾	複製/統合
「オルタナティブ」	食料生産・流通のローカル化 民主的食料政策

　実際に，「社会運動」は，第3フードレジームの議論でのみ完全に姿を見せている。

19）Winders（2012）は，農場ロビー政治と米国の農場政策の軌道に関して，本質的に「利益団体」タイプの記述をしており，商品・地域で区分される3つのロビー，すなわち小麦，トウモロコシ，綿花の重要性を論じる。彼は，20世紀におけるロビーの分裂と同盟，そして盛衰の変遷を明らかにしている。Winders（2009）は，第2フードレジームにおける米国の農業政策の形成を，第1フードレジームにおける英国の政策と比較しているが，特に1846年の穀物法（the Corn Laws）の象徴的な廃止（ここでは「Corn」は小麦を指す），英国における家畜と小麦の利害関係の分裂，その後の英国による他の欧州諸国に対する穀物の自由貿易の押し付けに注目している。

第３フードレジーム？

予想

　その当初から，フードレジーム分析は，世界資本主義におけるフードレジームの批判として機能したのであり，その批判は現代の「グローバリゼーション」の文脈の中で拡大し，強化され，より明確になった。「新自由主義的グローバリゼーション」の世界は巨大な変化と矛盾によって特徴づけられる。そこには資本蓄積諸様式（その「金融化（financialisation）」を含む），食品と他の農産物の新しい技術と市場，環境的脅威への意識の高まり，「労働者階級」の再生産の危機がある。これら全て，そして同様に包括的で関連するテーマが，以前のレジームで展開されたよりもずっと豊富な現代の研究業績と証拠に基づいた主張を伴って，第３フードレジームの概念化と議論に入ってくる。これらの理由から，本節では，第３フードレジームの範囲に吸収される全てを含もうとするよりも，第３フードレジームに関する重要な考えや議論を明らかにすることだけを目的とする[20]。

　第２フードレジームの終焉と，グローバリゼーションの始まりの後である1989年に書かれた論文の中で，フリードマンとマクマイケルは，２つの「相補的なオルタナティブ（alternatives）」を提案した（Friedmann and McMichael 1989, p.112）。

(1)「蓄積を規制するための真にグローバルな機関，最低限でも，事実上の世界通貨を実質的に管理できる世界準備銀行」

(2)「ローカルな生産と消費とを再び結びつけ，方向転換するために（中略）地域・地方・自治体政治への分権化と方向転換の促進」（p.113）

---

20) 確かに，いくつかの理由から，第３フードレジームとそれへの抵抗をめぐる問題は，以前の２つのフードレジームに関する研究，あるいは第３レジームが展開させた資本主義の政治経済学に関する研究への言及なしで語られることもあり，特に活動家の言説でしばしばそうである。

　ここにはポランニーの影響があり，金融から始まり，食料供給の（再）
ローカル化を提唱している。これは，アグロエコロジーの原則（agroecological
principles）に基づく小規模農耕の支持とともに，食料主権という旗の下，
現在の世界フードシステムに対する抗議の中心的な柱となった（後述）。

　1993年に，フリードマンは，食料の「世界的な危機」に取り組み，農業・
食料企業について以下のように結論づけた。

　　「農業・食料企業は，今や自らを生み出したレジームが手狭になり（中
　　略）農業・食料の諸条件を規制する，すなわち彼らが投資，農業原材料
　　の調達，マーケティングを計画できるような安定性のある生産と消費の
　　状況を組織化しようと試みる主要な主体となっている」（Friedmann 1993, p.52）。

彼女は，４年前よりもさらに広い視野で，以下のように続けた。

　　「（第1に）農業・食料資本が蓄積の軸となることを可能にしたまさにそ
　　の条件が，新たな社会主体と新たな社会問題を生み出した点である。第
　　2に，農業・食料企業の利害関係は，現実には不均質である。（中略）
　　生産者と消費者の諸階級は，超国籍農業・食料企業が誕生した時から根
　　本的に変化している。農業・食料部門は，現在，農業というより，食，
　　つまり工業とサービスに重点を置いている。食料生産に関与する，都市
　　と農村の諸階級の性格が変わっているのである。農業者の数や結束性が
　　低下し，労働者が農業・食料企業との交渉力の一部を失うにつれて，食
　　料政治は都市の問題に移行してきた。各国の農業政策がますます圧力を
　　受けるにつれて，積極的な食料政策（food policy）を生み出す可能性が
　　生じている（中略）」（pp.54-55）。

p.625　　「距離と耐久性の原則，時間と場所の特殊性の蓄積への従属」（p.53）を伴

う企業支配の増大というこの新しい局面に対して，フリードマンは以下のような「民主主義的原則」を対置した。

> 「対照的に，近接性と季節性を強調する，つまり，場所と時間への感受性（中略），健康的な食品と環境親和的な農業は，地域経済に根ざさねばならない。民主主義的な食料政策は，モノカルチャー地域と，フードシステムの超国籍的な統合によって破壊された多様性を再構築できる。それは，雇用，土地利用，文化的表現などについても当てはまる」（pp.53-54）。

　要するに，第3フードレジームに関する議論の多くで中心となっている環境的な懸念は，すでにここで述べられている。

企業−環境フードレジーム（Corporate-environmental food regime）？

　2005年に，フリードマンは「もし新しいフードレジームがあるべきなのだとすれば，私たちはその時期を迎えている」と示唆し，「新しいフードレジームは出現しているか？」と問うた。彼女は，「新しいフードレジームに結実するかもしれない変化」を考察し，それを「企業−環境フードレジーム（Corporate-environmental food regime）」と名付けた。すなわち，

> 「変化をめぐる四半世紀の闘いの後に，フェア・トレードや消費者の健康，アニマル・ウェルフェアの活動家によって求められている問題を含む，環境運動による要求の選択的横奪（selective appropriation）に基づいて，農産物・食品部門で新しい蓄積の段階が生じているように見える」（Friedmann 2005, pp.228-29）

　彼女の中心的な論点は，「グリーンな環境レジーム，つまりグリーン・キャピタリズム（green capitalism）は」（p.230），「第2フードレジームの

隙間で」（p.227）生じた「社会運動による圧力への反応として発生する」（p.230）ということである。この過程は，暗黙のルールに基づくフードレジームの性格を明らかにする。暗黙のルールは，緊張が激化するにつれて明白になる，つまり「言語化」されねばならない（前述のとおり）。もしうまくいけば，新しい（第3）フードレジームは，

> 「『従来』のフードシステムと『オルタナティブ』のフードシステムとの間の拮抗状態の特定の結果として，新たな蓄積の段階を促進する。もし新しいレジームが強固になれば，新しい枠組みはこうした（2つのフードレジームの拮抗状態をとったような：訳者挿入）冗長な用語を作り出し，言語化を必要としないだろう。挑戦者達の方はそれを言語化し，つまりは，その暗黙的な作用を暴露しようとするだろう」（Friedmann 2005, p.231）。

よって，企業－環境フードレジームの出現は，特に「小売主導によるフードサプライチェーンの再編成」（「スーパーマーケット革命」）を通じて，「環境政治の収束」と企業の再定置を象徴する。その再編成は，「富裕な消費者と貧しい消費者というますます超国籍化する両階級」に対して非常に異なる方法で狙いを定めて行われている（Friedmann 2005, pp.251-52, p.258も参照）。前者は，北側諸国に居住するとともに，「南側諸国の大国と中国における特権的な消費者の増大」（p.252）が見られる。同時に，規制はますますアグリビジネス企業に移行していて，貿易に関する国際組織，すなわち，特にWTOにおける「北側諸国の政府間で継続する袋小路」によって促進されている（p.252, 強調は引用者）。そして，付言するなら，第2フードレジームの「重商主義的」要素の長々と続く終焉を表す袋小路である。WTOを含む行き詰った国際組織は，消費者や環境保護主義者などの社会運動に対応した，民間による農業・食料サプライチェーンの転形によって裏をかかれている」（p.253, 強調は原文）[21]。

新興の第３フードレジームの他の重要な特徴は，米国覇権の低下（Friedmann 2005, p.255），ならびに「土地利用と労働市場のような生産条件，食品安全性のような消費条件」（p.257）といった，「民間資本だけでは規制できない」食料・農業の側面を規制する国民国家の継続的に「重要な役割」を含む。同時に，第３レジームにおける資本蓄積の推進力と，グローバルなアグリビジネスによる「基準（standards)」の適用を含むその諸様式は，「農民と農業共同体を収奪し辺縁化する長年の過程を深め，より貧しい消費者と，十分に消費するための安定した所得をまったく持たない，より多く人々を生み出す」（p.257）。農民略奪というテーマは，後で見るように，第３「企業フードレジーム」という，より体系的な主張の中心になった。

　Friedmann（2005, pp.257-59）は，「結論はなく，闘いは続く」で終えている。「出現しつつある企業－環境フードレジームは」，「それが依拠しているところの運動自体によって既に」「グリーン」自体が（それが依拠している分だけ）闘いの俎上にあげられており，米国のフード・アライアンスや生物多様性のためのスローフード財団のような運動自体の「再編成」（国際的なネットワーク化を含む）を伴っている（p.259）。

企業フードレジーム（Corporate food regime）？

　この暫定的な評価とは対照的に，1980年代後半以降に具体化したグローバル企業フードレジームというマクマイケルのバージョン（McMichael 2009, p.142）は，本論文の第２節での引用で示したように，より決定的かつ包括的である。

　第３フードレジームは，「新自由主義の政治」によって「世界資本主義の歴史における新たな時期として」区別されると，彼は考えている。すなわち，

　　「企業フードレジームは，グローバルな開発プロジェクト（project of

21）「行き詰った」WTOの表現としてあり得るのは，地域貿易圏と二国間貿易協定の急増である。

global development）の重要なベクトルであり（中略），金融関係のグ
ローバルな規制緩和と（労働というより）信用関係による貨幣価値計測
によって特徴付けられる。それらは，債務国家によって内部化された民
営化規律と，農業と農産物輸出の企業化，そして世界規模における労働
の非正規化を通じて行われている（中略）。企業フードレジームは，費
用から著しく切り離された農産物の世界価格の決定を通じて，これらの
傾向を例示し，下から支えている。（中略）企業フードレジームの世界
価格は，自由化（通貨切り下げ，農場支援の削減，市場の企業化）に
よって一般化され，世界農業の構築の前提条件としての略奪に対して，
いたるところで農業者を脆弱にしている」（pp.266-67）[22]。

　企業フードレジームの第1の特徴は，新自由主義的グローバリゼーション
の核となる（市場の）自由化と（かつての公的機能とサービスの）民営化の
一般的な力学の中に位置づけられる点である。この力学の影響と手段の両方
として，国家は（グローバル）資本に従属し，市場のイデオロギーによって
課せられる「ルール」，すなわち「世界フードシステムにおける企業のパ
ワーを制度化する一連のルール」（McMichael 2009, p.153）に従うようにな
る。
　第2に，「企業のグローバリゼーション」は，David Harvey（2003）が社
会に広めた用語で言うと「『略奪による蓄積（accumulation by
dispossession）』のメカニズム」を通じて生じているのだが，それは「ダン
ピングによる農民の食料耕作のグローバルな排除，スーパーマーケット革命，
農産物輸出のための土地転換」（McMichael 2005, p.265）といったものであ
り，「蓄積の新しいフロンティアの構築に身を捧げる国家 - 金融資本結合体
（nexus）」（McMichael 2013, p.130）を伴っている。

22）マクマイケルが同意するように，生産費と価格との関係の問題は，彼がここ
　で省略した定式が示唆するよりも複雑である。

p.627 　「略奪による蓄積」を含む「世界農業（World agriculture）」は，「商品循環（commodity circuit）によって統合された企業的な農業と食料の諸関係の超国籍的な空間」として，初めて現れる（もし「地球上の農業の全体」ではないとしても。McMichael 2005, p.282）。その分業と市場はいずれも，「南側諸国の高価な製品（食肉，果物，野菜）と取引される北側諸国の主要穀物」（McMichael 2009, p.286）という以前のレジームのそれから継続している。そしてそれに加わるのが，たとえば，食料として直接消費されるのではなく，家畜飼料や最近ではバイオ燃料向けの工業投入材として，あるいは食料・非食料用途の間で代替可能な「フレックス作物（Flex crops）」として，基礎的食料を大量生産するための，南側諸国の広大な土地の横奪——「ランドグラブ（land grab）急行」（McMichael 2013, p.118）——である[23]。

　さらに，これら全ての主要農産物の国際貿易——基礎的食料の穀物や油糧種子から，南側諸国からの「伝統的」輸出（たとえばコーヒー，カカオ，茶），そして高価なFFV（生鮮青果物，エビや他の養殖水産物，切花など）の「非伝統的」輸出まで——は，ますます企業アグリビジネスによって支配されるグローバル商品連鎖をつうじて行われるようになっており，それら企業は生産の川上および／あるいは川下，および／あるいは生産の組織化を，直接ないし間接に（例えば契約農業をつうじて）支配しているのである。

　ランド・グラビングのひとつの特殊な形態は，政府系ファンドや他の事業体を通じた海外の国家によって，自国経済への輸出向けに（大規模農場で）食料を生産することで，これはマクマイケルの呼称する「農業安全保障的重商主義（agro-security mercantilism）」である（2013, pp.125-28）。

　第3に，企業フードレジームは，以下の事項を通じて，かつてなく増進する，環境的に破壊的な農業生産の工業化をもたらし，「人類の生存条件を蝕む」。

23）「農業燃料プロジェクト（agrofuels project）は，農業の究極の物神化であり，価格高騰時に，人間の生命の源をエネルギー投入材に転換する」（McMichael 2009, p.155）。

30

- 化石燃料への徹底的な依存
- GHG（温室効果ガス）の約3分の1を排出
- 土壌の劣化（化学肥料への依存強化）
- 生物多様性の破壊
- 特化した工業的農耕より高生産性で環境保全的であることが示されている多様な小規模農耕を一掃することによる，自然の循環とともに生活し働くことに関する文化的かつ生態学的な知識の枯渇（McMichael 2009, p.153）

　この過程の主な例は，歴史的に工業化農業に関係し，今日強まっている機械化と「化学化」を越えた「自然の新自由主義化」（McMichael 2013, p.130），すなわち，企業による生物学的生産手段，特に種子や動物の遺伝的性質における私的所有権の追求である。これは，遺伝子組換え生物（GMO）の新たなフロンティアであり，時として「生物学的海賊行為＝バイオパイラシー（biopiracy）」の実行を通じて横奪された既存植物種の（再）組み換えを行った上で，WTOの貿易に関連する知的所有権（TRIPS）の規定の下で特許化することに依存している。

　第4に，前述の食料に関する問いに対する企業レジームの影響である。食料はどこで，どのように，誰によって，生産・消費されるのか。どのようなタイプの食料があるか。これらの問いには，もし関連するなら，異なる答えを生み出すさまざまな諸次元がある。当初からのフードレジームの特徴を反映しているが，第3フードレジームで強まっている，おそらく最も包括的な答えは，生産される場所から遠くで消費される食料，つまり，ブランド化されていない「出所不明食料」と言えるものの蔓延である。「企業フードレジームは，『世界農業』（出所不明食料）と，場所に基づく形態のアグロエコロジー（出所判明食料）との間の中心的矛盾を包含している」（McMichael 2009, p.147。強調は引用者）。これの認定は，フリードマンの「富裕な消費

者と貧しい消費者というますます超国籍化する階級」という区分に基づいており，前者は，その食料もまたかなりの距離を移動するものであっても（たとえば，高価なワイン，コーヒー，茶，チョコレート），産地や原産地によってブランド化され，さらに「オーガニック」「フェア・トレード」などの認証を受けた食料を購入できる[24]。

　現在のレジームにおける食料の流通・消費に関するその他の問題としては，工業的に生産される食品（高レベルの毒性と「化学化」のその他の諸結果を伴う），特に「ファストフード」とそれに基づく食生活の健康への影響がある（Lang and Heasman 2004）。これに「栄養化（nutritionalisation）」が加えられる。すなわち，表向きは栄養的価値を高めるために，（遺伝子組み換え作物のように）圃場において，あるいは圃場から食卓までの行程で加工される（化学的）食品（Dixon 2009），そして拡大する工業的食肉生産によって悪化している「生態的蹄跡（ecological hoofprint）」（Weis 2013）である。

　世界の全住民の間での食料分配の問題，特に継続的な飢餓の諸パターンもある。ここで，マクマイケル（および「食料主権」の他の提唱者たち）は，工業化農業によって全食料のどのくらいが生産されているかを考慮することに反対するにも関わらず，そして，バイオ燃料原料の栽培向けへの土地の広範囲な転換が，他の条件が同じなら，食料の入手可能性を全体として低下させるけれども，飢餓は，グローバルな食料産出が全体として不足することによる影響ではないと認識するのが普通である。むしろ，飢餓とその分布——誰が，どこで，なぜ飢えるのか——は，現代資本主義における所得分配の極端な不平等（すなわち，階級関係）と，基礎的食料の価格不安定性の影響だとするのである。

24）中国は，ここで，特徴的に際立った，外見上は異常な例を示す。近年の自国の食品スキャンダルに直面して，経済的に余裕のある人々が，家畜生産からと畜，小売流通までのチェーン全体に及ぶ厳格な品質管理が行われていると主張する（かつ信じられている）大企業から食肉を購入する選好が見られる（Schneider and Sharma 2014）。

32

最後に，「安い食べ物」の時代の終わりを象徴する「農業インフレーション（agflation）」が，2007年から2008年にかけての世界的な食料価格の劇的な高騰時に記録され，第3フードレジームの危機の指標と考えられるかもしれない（McMichael 2013, pp.109-14）[25]。それに寄与した歴史的契機は以下の通りである。

(1) 穀物農耕の生産性低下と生産コストの上昇（化石燃料への高い依存度が理由）によって特徴付けられる工業化農業の「長期的危機」。

(2) 「食料・エネルギー市場の統合」，特にバイオ燃料生産への農地の用途転換。

(3) 「農業燃料プロジェクト（agrofuels project）の後援によって危機を深める，短期的視野に立つ政府による，関連する正当性の掌握」（McMichael 2013, p.114）。

危機への資本の反応は，特に，ランド・グラビングやそこで導入される生産の諸タイプのように，すでに指摘した第3フードレジームの特徴的なメカニズムを強化することで，蓄積のフロンティアをさらに拡大することであった（McMichael 2013, pp.117-25）。これは，企業フードレジームの社会的・環境的矛盾を深めるだけであろう[26]。

p.629

マクマイケルによる第3「企業」フードレジームのこの要約は，短縮されているものの，彼の主張がどのように決定的か，同時にどのように包括的か

25）第2フードレジームの危機は，1970年代初頭の急激なインフレに現れていたことを想起されたい。

26）ここには，米国（および欧州連合）の農業政策が，慢性的な余剰とその管理方法の問題を解決するよりもむしろ深めた，第2フードレジームの影響もある（前述）。しかし，この例では，論点はより基本的に系統的である。つまり，「最後の必死の囲い込みの運動を通じて行われる土地収奪を伴う（中略）資本蓄積条件の絶対的な消耗」（McMichael 2013, p.156。強調は引用者）という現在の時期である。

を示している。その要約はまた，現代のグローバリゼーションという条件下の「フードレジーム・プロジェクト」の明確な政治的特質に関する十分な手がかりを与えてきた。確かに，現在のレジームに対する抵抗は，第3フードレジームに固有の最も根本的な社会的矛盾を表現し，その「末期的な危機」を助長するだけでなく，それに対する急進的で革新的なオルタナティブを生み出すことを可能とする，と主張されている。そのような抵抗は，第3フードレジームのいくつかの決定的な特徴，特に，南側諸国だけではない「農民」／「家族経営農業者」の加速化する略奪，農産物貿易（および米国とEUのアグリビジネスに継続的な補助金が与えられる不均等な競争の場）の自由化過程への寄与，ならびに生態系的に破壊的な農業の工業化という文脈の中で，超国籍化した社会運動であるヴィア・カンペシーナ（La Vía Campesina,「農民の道」）とその綱領的目標である「食料主権」によって例証される。

　マクマイケルは，第3フードレジームの多くの側面としての，ヴィア・カンペシーナと「食料主権」について，多くを著述している。ここで，便宜上，彼の近著の最終章（McMichael 2013, 第7章）の重要な点をいくつか要約すると，資本と，（Bernstein 2014の用語における）「資本の他者」としての「農民（peasants）」という，包括的で，実際に「世界史的」なテーゼとアンチテーゼが提示される。

　テーゼは，資本主義の本質と，それが人間社会と人間的（および人間以外の）自然との間の相互的な再生産関係をいかに損なうかということに，最も広範囲に及ぶ基礎を置いている[27]。とりわけ，マルクスに依拠しつつ，使用価値と交換価値の間の決定的な緊張，ならびに（交換）価値，利潤，蓄積

27）ここでの中心はマルクスの「代謝の裂け目（metabolic rift）」という概念で，これは，環境学における最近の多くの唯物論者の業績と議論の中心であり——たとえば，フォスターの「マルクスのエコロジー」に対する主張（Foster 2000）やムーアの「ワールド・エコロジー」としての資本主義という秀逸なプロジェクト（Moore 2011, 2010a, 2010b, 近刊）——，マクマイケルによって展開されている（たとえば，McMichael 2013, pp.107-08）。

の拡大を追求するために，人間存在の全ての条件，活動，手段を商品化する資本の衝動である。これが伴うことは，人間社会と人間的（および人間以外の）自然との関係において最も必要不可欠で密接な生産物である食料によって，とくによく例証されるということである。その歴史的軌道は，過去150年にわたる世界資本主義における一連のフードレジームを通じて辿り，新自由主義的グローバリゼーションの時代に一般化し，強化された社会的・環境的な破壊で最高潮に達した。同時に，もし適切に追求されれば，この（「存在論的」）理解は，マルクス主義の名において（他の社会思想の伝統と同様に）主張される「開発ナラティブ（development narrative）」の拒絶を伴う。このナラティブは，生産力の無限の発展，従って「自然の征服」としての「近代性」を構築する（Arghi 2003 も参照）[28]。

p.630

> 「資本による自己価値指定（self-valorization）は，開発ナラティブを特権化し，全く別個の実践的経験に基づく他の文化的主張を誤って解釈して価値を下げる，暴力的な存在論を課す。資本が生態系を商品化し，分割化するのに対し，価格形態は生物学的過程を抽象化し，不可視化する（中略）。従って，現代の農業問題は，農業に適用される交換価値のコンセンサスを超越する方法に関わる」（McMichael 2013, p.136, p.137）。

アンチテーゼは，第３フードレジームに現れる資本主義のこれらの力学を超越する必要性と可能性の両方によって示される。

> 「物語のこの時点では，農民の結集（peasant mobilisation）に焦点を当てるということは，企業フードレジームの『グローバリゼーション』によって生じる人間と生態系の航跡が，21世紀の世界フードシステムの中心的矛盾であると承認することである（McMichael 2009, p.147）。

---

28)「ここでの問題は，究極的には，認識論的である」（p.144）。

「農業を，社会的，環境的再生産の鍵として明確に再評価する」（McMichael 2013, p.138）際，「現存の食文化」という形態で，「別の世界があり得るだけでなく，すでに存在している」（p.134）のであり，その食文化は「社会的，環境的関係の再生産という健全な論理」（p.131）を明らかにする。すなわち，それは農民的農耕（peasant farming）であり，「環境的価値を優先させるという点で他の農耕諸形態とは全く異なる。この意味で，それは近代主義の用語では考えられないもので，労働の中心的役割によって区別される」（p.146）。van der Ploeg（2008）にかなり依拠しつつ，マクマイケルは，農民的農耕は，以下の事項を通じて，「生態的資本（ecological capital）」を最大化し，その「持続可能性」を再生産し強化することを目的としていると論じる。

(1) 土壌の肥沃さや水資源を維持する／回復させる際の高い水準の労働集約度（それゆえに「労働の中心的役割」），ならびにポリカルチャー（polyculture）の実践を生み出すこと（モノカルチャーへの対抗）。
(2) 経験と実験の結果を共有する「知識コモンズ（knowledge commons）」（生産の全ての側面を「囲い込」み，あるいは私有化する資本の衝動への対抗）
(3) より一般的な協力の文化（農民的「共同体」）。

これはまた，農民が購入（商品化された）投入材への依存を回避する，あるいは減らすことを意味しており，それによって，さまざまな形態の「ファーマーズ・マーケット」のような，オルタナティブな取引手段などを通じた生産物の販売交渉での彼らの立場を強化する[29]。したがって，農民は市場生産者かもしれない一方で，資本主義の中で構成された小商品生産者ではない（McMichael 2013, p.157。注7）。実際，これら（相対的な）「脱

---

29) これは，van der Ploeg（2008）や他の研究で強く強調され，検討されている。

表3　マクマイケルの第3（企業）フードレジーム（1980年代から？まで）の要約

国際的な国家システム	「新自由主義の政治」による再構成（ソ連の終焉で加速），企業資本の手段としての国家
資本の支配的形態	（金融化された）企業アグリビジネス資本
労働と貿易の国際分業	・北側諸国の穀物の南側諸国への輸出 ・南側諸国の「異国風食品」の北側諸国への輸出 ・南側諸国の一部における基礎的食料の大量生産の新たなフロンティア（およびこれに影響を与える「ランド・グラビング」） ・「食料とエネルギーの市場の統合」
ルールと正当性	・市場ルール ・農業「近代化」のイデオロギー （・食生活の「西洋化」？）
社会的諸力	・環境保護などの対抗的な社会運動 ・ヴィア・カンペシーナをはじめとするアグロエコロジーな小規模農業者運動
技術的・環境的変化	・農業の機械化・化学化の進行と，化石燃料の使用（と汚染）の増加 ・遺伝子組み換え生物，バイオパイラシー，生物の生物化学における私有財産権を通じた「自然の新自由主義化」 ・ますます増加する生態的破壊
緊張と矛盾	・生態的危機 ・食料市場と価格の変動 ・拡大する（ますます増加する？）飢餓 ・利潤と蓄積の危機
「オルタナティブ」	・ヴィア・カンペシーナの「市民運動」，およびその関連・類似運動 ・食料主権：ローカル化された生産・流通・消費＝「出所判明食料」対「出所不明食料」

商品化」の力学は，「再農民化（re-peasantisation）」，つまり，既存の小規模農業者の実践の変化，ならびにアグロエコロジーの原理に取り組む新しい農業者の参入を特徴づける。

　小規模農業者は世界における農業者の圧倒的大多数であり，いくつかの推定では，世界の食料の70％を生産し，その半分以上を自らで消費するが，国際貿易は世界の総農業生産高の10％程度を占めるだけである（p.157，注10）。加えて，「いくつかの研究は，有機ないしアグロエコロジーに配慮した農耕の相対的な収量は」，グローバルな食料需要を満たすのに「十分と結論づけている」（p.151）。

要するに，何百万（何千万？）もの小規模農業者は，（ランド・グラビング
によって）直接的に，あるいは政治的に構成された市場形態と第3フード
レジームの影響によって間接的に，略奪されない限り，すでに前進する道を
示している。ここでまさに，「農民の道」に向けた結集に取り組む超国籍社
会運動であるヴィア・カンペシーナが，「市民と人間のための民主的権利」
（原文ママ）（McMichael 2013, p.150）の原理を伴う食料主権の「市民運動
（civilizational movement）」と同様に，必要不可欠になっているのある。食

p.631料主権運動は，いくつかの国連機関を通じてその影響を増している，「グ
ローバルな道徳的エコ経済に根ざした」（オルタナティブな）「近代の政治」
を進展させ，グローバリゼーションの時代における「道徳勢力のバランスの
変化」を象徴する（p.156, p.155；表3参照）。

　マクマイケルの第3，そして現在の「企業フードレジーム」――これまで
の3つのフードレジームの中で最も今日的で，包括的で，明確に政治的――
に関する議論と考察が，以下の節で重要な焦点である。

議論と考察

　フードレジーム分析，特にマクマイケルの企業レジームに関する批判が相
対的にほとんどないことは，その主張の（ますますの？）大胆さと，現代の
「食の政治」でのその高い著名性を考えると，際立っている[30]。これは，環
境保護，反資本主義，反グローバリゼーション，食料主権などの親農業者／
農民の観点から，つまり，マクマイケルらが力強く明確化した政治的メッ
セージに幅広く同意する人々によって，たいていは取り上げられるからかも
しれない。フードレジーム・アプローチへの2つの批判と，フードレジーム
分析における議論と展開を簡単に示した後に，これに戻ることにする。

---

30) LeHeron and Lewis（2009, p.346）は，Friedmann（2005）とMcMichael
　（2005）を参照し，2000年代中葉からのフードレジーム分析の「復活の時期」
　に言及するが，それは，十字架への磔なしでの「復活」という疑問をはぐら
　かすものではないだろうか。

批判

　最初の実質的な批判は比較的早く，フードレジーム分析が今日のように強力で独特な著名性を獲得する前，そして「農業・食料システム（agro-food system）」という表題に融合されていた1990年代に現れた。Goodman and Watts（1994，フォローアップ研究としてはGoodman and Watts 1997）が，レギュラシオン理論における最近の資本主義の時代区分，特に産業組織における「フォーディズム（Fordism）」から「ポスト・フォーディズム（post-Fordism）」への移行を農業に適用して，新しい「グローバルな農業・食料システム」を特徴づけようとする試みを，「模倣」の問題とみなしていることを強調した。「我々の見解では，農業と工業との類似性が徹底的に誇張され（中略）農業移行の内部や農業移行間における多様性や区別の余地がほとんどない」（Goodman and Watts 1994, p.5）。

　「フォーディズム」／「ポスト・フォーディズム」批判は，彼らの論文の大部分（pp.5-18）を占め，別の部分では主にFriedmann（1993）とMcMichael and Myrhe（1991）にも批判が向けられている（Goodman and Watts 1994, pp.19-25, pp.25-26）。フリードマンは「ある種の資本の論理の機能主義」（p.22）に近い方向に変わっていると非難され，マクマイケルとミーアは「国際フードレジーム・アプローチの要素と改訂された機能主義の不満足な混合物」（p.25）と非難された。そのような問題に反論するために，グッドマン・ワッツは，(1)前述のような農業と工業の根底的な相違から始め，農業の諸形態および農業貿易の諸パターンを区別するのに重要な，領域性と空間性の新たな探求，(2)フリードマンによって発表された決定的な終焉の後でも第2フードレジームから一貫している基本的な要素[31]，(3)いわゆる「グローバリゼーション」の文脈で，農業をめぐる規制における国家の突出性（不均質な力学と結果の原因のひとつとして）の継続，および(4)偶然性，

p.632

31）実際，Friedmann（2009, p.341）は後に，「古い（第2）フードレジームの長期にわたる断末魔」と現在に至るまでのその影響に言及する。

39

多価性，不均質性，媒介性などの重要性を[32]主張した。

　Farshad Araghi（2003, pp.50-51，およびp.63，注13）によると，グッドマンとワッツの「農業例外主義の立場はポスト・モダン的転回の症状であり（中略）グローバル・フードレジームの概念」，そして実際には，資本主義の世界史的概念も「全面的に否定する結論に至っている」。この意見は，McMichael（2009, p.144）によって支持され，彼はアラギを引用し，グッドマンとワッツの批判が，フリードマンとマクマイケルによるフードレジームの理論化における特定の欠陥というたらいの水と一緒に，「資本の政治史に結びつけた重要な世界史的時代区分」という赤子を流したものだと示唆する[33]。これら欠陥へのアラギ自身の批判は，以下のように，グッドマンやワッツとは異なる方向から，実のところ，ある意味で反対の方向からなされた。

p.633

　　「フリードマンとマクマイケルのフードレジームに関する説明の問題点は，食料と帝国主義の関係や，グローバルな価値関係の政治レジームと

---

32) 最後の種類の指摘は，以下のような批評家で見出される。Busch and Juska（1997）は「政治経済学を越え」て，アクター・ネットワーク理論を導入することを推奨し，後のLeHeron and Lewis（2009）は，「ポスト構造主義的な政治経済学」の影響を受けつつ，「フードレジームの概念は非常に生産主義的で，したがって生産と消費の両方における主体の主観の多様性を認識することに抵抗があると証明された」（p.346）と述べている。

33) ここには非常に分かりにくい理由があり，本論文の一部を切り取るような方法で扱おうとするのは，必然的にリスクがある。アラギの「農業例外主義」への非難は，彼がGoodman and Watts（1994）に見出すポスト・モダニストの「抽象的特殊主義」に適用されるかもしれないが，「生産の土地基盤の性格」，「人間の食料消費における生理学的必要条件，および社会実践における食料の文化的重要性」から導きだされた，（工業との）「農業の差異」という彼らの要約された定式には，間違いなく適用されないだろう（Goodman and Watts 1994, pp.37-38, pp.39-40）。こうした特質は，フードレジーム分析のアグロエコロジー的転回，特に，資本がどのように「農民」を収奪し，農耕過程を工業化し，「出所不明食料」を作り出すかについての批判において，重要なはずである。アラギが同意するように，それらの全ては，社会的・環境的な破壊につながる（たとえば，Araghi 2009b）。

40

してのフードレジームという彼らの優れた世界史的分析が，レギュラシオン学派から借りてきた理論的概念と併記されていることである」（Araghi 2003, p.50）。

　彼の主な主張は，レギュラシオン理論や類似の理論的汚染を除去することで，フードレジーム分析の成果は，世界資本主義／世界帝国主義の歴史を適切な枠組みとしての「グローバルな価値関係」に組み込めるというものである。これは，『資本論』におけるマルクスのより抽象的な（「深い」）価値の概念の具体化を必要とし，それについてアラギは以下のように概略を述べている。

　　「なぜなら，深い概念は具体的でないからである（中略）。現実の現象における『多くの諸規定』，『多様性の統一』を明らかにするために，それらは歴史的に具体化されなければならない。この意味で，『グローバルな価値関係』，『グローバルな労働日』，『グローバルな労働者』といった概念は，まさに『多様性の統一』を捉えることを可能にするために，より抽象度の低いレベルで提示される世界史的に精査された概念である。グローバルな価値関係は，国家関係の政治，世界市場，植民地化と帝国主義，絶対的・相対的剰余価値生産の（しばしば地理的に分離されている）労働レジームを含む。言い換えると，絶対的・相対的剰余価値生産を，二元論的，ローカル的，対立的進化論の方法（19世紀末のナショナリズム，進化論，実証主義の遺産）で理解する代わりに，グローバル価値関係の概念は，それらの弁証法的／関係性的，矛盾的な統一性を強調する」（Araghi 2003, p.49）[34]。

　Araghi（2009a）で詳述されているように，彼自身の「グローバルな価値関係」の歴史的な枠組みは，以下から構成される。

p.634

(1) 1492年から1832年まで：「植民地の囲い込みと英国における原型となる資本の本源的蓄積の時代」であり，カリブ海へのコロンブスの到着と英国での救貧法改正によって時期区分されるが，後者は労働者階級を訓練するために存在した「初期段階の福祉制度を（中略）解体する，英国の自由主義産業資本家階級による組織的試みの始まり」(p.120) への転換だった。

(2) 1832年から1917年まで：産業資本主義の出現とその後の優勢，そしてそれが生み出したグローバルな分業体制を示す「資本のフードレジーム」。「この時期の植民地‐自由主義的グローバリズムの農業政策は，（中略）国内では脱農民化，賃労働者化，都市化であり，植民地では農民化，農村化，強制労働の超搾取であった」(p.122)。

(3) 1917年から1975年まで：ボルシェヴィキ革命（ロシア革命）とベトナム民族解放闘争の勝利によって時期区分され，開発主義国家（ソ連はその最初の主要な例）を含む，「古典的自由主義からのグローバルな改良主義的後退」(p.122) の時代と特徴づけられる。

(4) 1970年代以降：「第二次大戦後の相対的な脱農民化および農民排除が」，「グローバルな囲い込み」の波を通じた「絶対的な脱農民化と農民排除に道を譲った時代」(pp.133-34)。

これは，フリードマンとマクマイケルによる最初の2つのフードレジーム

---

34) アラギは，非常に異なる方法をつうじてだが，Jairus Banaji (2010) およびアラギ自身の「歴史としての理論」を構築する際のマルクスの手法の適用に関する議論によって強調されているのに幅広く類似した諸問題を指摘している。アラギとバナージの両者における問題点のひとつは，バナージに関する私のレビュー論文（Bernstein 2013）で提起した，歴史分析を追求するために必要な理論的「諸規定」の性格と範囲に関わる。アラギの「グローバルな価値関係には……」という言葉に対して，以下のような疑問が呈されるべきである。すなわち，含まれうるもののリストはどこで終わるのか。「諸規定」のヒエラルキーはあるのだろうか。もしそうならば，そのヒエラルキーそれ自体はどのように規定されるのか？ そうでないとすれば，それは何なのか，などなど。

の説明に関する，いくつかの特異性を浮き彫りにしている。彼らの第1フー
ドレジーム（1870年から1914年まで）の歴史的境界と，1870年代からの「必
要不可欠な生活手段において初となる価格に支配された（国際）市場」とし
てその独自性を特定するのに用いた議論（前述）は，1832年からの「資本の
フードレジーム」というアラギのより長い期間の中に解消されている。さら
に，アラギは，フリードマンとマクマイケルの第1フードレジームについて
ほとんど考察していないが，彼らの「最も重要な貢献」の一つが（アラギの
見解では，彼らはそれを十分に考え抜いていなかったとしても），第1フー
ドレジームが「賃労働と非賃労働との国際的な統合に基づく」という認識で
あると指摘している（Araghi 2003, p.52）。これはアラギにとって重要である。
なぜなら，相対的・絶対的剰余価値生産，賃労働者階級と非賃労働者階級，
自由労働と非自由労働の場にまたがる「グローバルな労働者」という概念を
彼は構築しているからである。しかしながら，第1フードレジームにおける
世界市場の穀物生産の基礎であった「非賃労働」は，フリードマンとマクマ
イケルにとって，入植者植民地における「家族労働に基づく完全に商業的な
農場」という（世界史的）革新を象徴した（上述）。この家族農場が，近代
資本主義の世界経済における他の（あるいは全ての）「非賃労働」（たとえば
「農民」）を代表するだけの荷にどれだけ耐えられるかどうかは，別問題であ
る[35]。

　第2フードレジームはどうか？　フリードマンとマクマイケルによる第2
次世界大戦後の世界経済の米国覇権に対する第2フードレジームの中心的役
割についての分析（原型となる論文とその後の論文の両方において）は，ア
ラギが1917年から1975年まで同様に引き伸ばした期間と，その「古典的自由
主義からのグローバルな改良主義的後退」という特徴づけによって，事実上，

---

35) 実際，Friedmann（1980）は，北米の家族農場に代表される単純商品生産と，
　　第三世界の「農民」的生産の違いを取り上げており，それについては
　　Bernstein（1986）でも論じた。彼女はまた，資本主義における，ならびに単
　　純商品生産と「農民」的農耕の両方における「非賃労働」の最も広範かつ戦
　　略的な現象は，ジェンダー関係によって生み出されていることを明らかにした。

取り除かれている。その後（特にソ連が崩壊した後？）に1917年以降に後退した場所を回復することは，帝国主義にとってはいたって当たり前のことだった。McMichael（2009, p.154）が言及したように，アラギにとって第2フードシステムは「実際には資本の歴史における空白期間だった（中略）。より適切に理解すると『世界資本主義では例外的な改良主義の時期における援助を基盤とする食料秩序』」（Araghi 2003, p.51）であった。言い換えれば，マクマイケルが付け加えるように，アラギにとって「グローバルな価値関係——英国を中心とするレジーム，ならびに，おそらく，20世紀後半の（新自由主義的）レジームの組織化原理——は，『埋め込まれた自由主義（embedded liberalism）』という戦後のケインズ主義／フォーディズム的契約の中へと妥協されたのである」（McMichael 2009, p.154）。

p.635

McMichael（2009, pp.155-56）は，以下のように認識していた。

　　「制度的なもの（「レギュラシオン理論」：引用者挿入）から価値関係へと焦点を移す際に，アラギは，原型となるフードレジーム分析の不変の面，すなわち，グローバルな食料関係の構造化を通じて表現，あるいは実現された，資本の政治史への考慮に再び焦点を合わせている」。

　同時に，「グローバルな価値関係」アプローチが資本中心的であるがゆえに，「フードレジーム分析が価値関係の観点を展開するほど，それは環境的計算を軽視する」（McMichael 2009, p.162）と批判した。しかしながら，これは避けられないことではない。「価値関係分析」は，「資本のフードレジームがどのように労働力と自然を共に搾取するか」（McMichael 2013, p.135）を明らかにし得るのだから。

フードレジーム分析における議論と展開

　フードレジーム分析における最近の主な展開は，特にマクマイケルによって定式化された第3フードレジームに関するもので，すでに要約したが，さ

らに以下で考察する。前述の要約では，第3フードレジーム，すなわち，出現しているがまだ確定していない「企業－環境フードレジーム」，あるいは確定した「企業フードレジーム」（前述）に関するフリードマンとマクマイケルの相違が指摘された。マクマイケルは，彼とフリードマンが「関心の相違で分かれたが，『フードレジーム』を意味する，異なる（しかし必ずしも矛盾していない）理解のための土台を築いた」（McMichael 2009, p.151）と示唆する。彼らは双方とも，異なる目的で社会運動をアプローチに導入したが，マクマイケルは「現在のフードレジーム力学における重要な要としての南側諸国由来の社会運動」（pp.146-47）に焦点を当ててきた[36]。その後，マクマイケルは，自身のフリードマンとの相違は「何がレジームを構成するかという」当時の基本的な問題を「提起している」（McMichael 2013, p.42）と述べた。一方，フリードマンは，「マクマイケルは，フードレジーム・アプローチに対して大幅に拡張した主張をしている」（Friedmann 2009, p.337）と指摘し，彼の第3（企業）フードレジームに関する一連の疑問を提示した。

　「緊張状態は安定しているか？ 何の制度が軸を提供し，安定した関係性の集合に意味を与えるのか？ 例えば，金融化したフードレジームにおいて，1947年から1973年までのフードレジームの軸としての食料援助に対応するものはあるか（中略）？ フードレジーム・アプローチは，いわば，ポランニー的解釈に価値を付加するか？（中略）国際通貨は，マ

36）したがって，フリードマンとマクマイケルとの間には，フードレジーム分析とその利用に関する知的な相違の原因なのか結果なのかは別として，政治的な相違も存在する。フリードマンは，活動中のオルタナティブな食料政治に関する研究をいくつか行なった（たとえば，Friedmann 2011, Friedmann and McNair 2008）。彼女のアンバー・マクネアとの共著（Friedmann and McNair 2008, p.427）は，「社会変革への戦士アプローチ（the Warrior approach）に対抗する建築者（the Builder）アプローチ」を対置し，著者らの後者への選好を説明する。前者は，LeHeron and Lewis（2009, p.347）がマクマイケルの立場を特徴付けるように，「『バリケードへの参加呼びかけ』タイプの反対政治」によって例証される。

クマイケルの説明のどこに入っているか？」

国際通貨のその中心的問題について，以下のような指摘がある。

p.636

> 「ブレトンウッズ体制は前回のフードレジームと同時に終わったけれど
> も，ドルに代わる国際通貨はない。しかし，ドルはブレトンウッズ体制
> 下のようには機能していない。その代わり，米国は，準備通貨としての
> ドルの既定の位置に支えられ，政府会計と貿易で赤字を垂れ流すことが
> できる。他の国々はこれができないだけでなく，それらの国々の富裕層
> は，ドルの代替物がないため，米国に不本意ながら資金供給している。
> これは安定的ではない」（Friedmann 2009, pp.337-38）。

　フリードマンの分析的疑問とそれらに対するフードレジーム分析者の間で
の異なる回答に加え，農産物の世界貿易を規定するWTOやその他のルール，
特定の農産物の商品連鎖，それらの連鎖の構成変化に関する解釈の相違もあ
る（McMichael 2009, pp.149-51）。変化の不均一性とその原因という問題は
両者において暗黙的，あるいは明示的である。この問題は，Goodman and
Watts（1994）によって提起され，彼らのようにフードレジームの枠組みを
否定するというよりむしろ，その枠内で議論されている。
　フリードマンによって強調された重要な問題もやはり前述したがここで立
ち返ると，いくつかのフードレジーム分析の包括的な規模と主張である。
フードレジーム分析は，「レンズ」（McMichael 2005, p.272, p.274），「ベクト
ル」（p.265）として，

> 「慣行的に，工業や技術のパワー関係に焦点を当てるグローバルな政治
> 経済に関するさまざまな説明を補完する（中略）。それはまた，国際貿
> 易における特定の食料関係に焦点を当てた商品連鎖分析，依存関係分析，
> フェアトレード研究によって補完される。そして最後に，さまざまな事

例研究，飢餓の諸問題，テクノロジー，文化経済，社会運動，アグリビ
ジネスに焦点を当てた農業と食料の研究があり，これらは，ひとたび地
政学的関係の中に歴史的に位置付けられれば，フードレジーム分析の諸
次元を豊富化することになる」（McMichael 2009, p.140）。

　マクマイケルはさらに，「『フードレジーム』をひとつの構造物として特定
するのが難しくなった理由のひとつは，フードレジーム分析における新しい
諸次元の出現である」（McMichael 2009, 156-61，強調は引用者）と述べ，
テクノロジー，とりわけ遺伝子組み換え生物に関する新しい種類の分析，
「世界金融危機の展開につれて企業食品部門がさらに集中化する前触れとな
る可能性のある」金融化[37]，栄養，環境に関する新しい種類の分析を例と
して挙げ，これらのすべてが，フリードマンの見解（Friedmann 2009）では，
新しい「フードレジームと科学史との対話」によって解明され得るとしている。
　「レンズ」や「ベクトル」としてのフードレジーム分析の中に含まれ，そ
れによって生み出され得るこの膨大なテーマに導かれて，ここまでの論述を
踏まえ，かつ拡張しつつ，私自身の評価に移りたい。

評価

背景と貢献

　イントロダクションで言及したように，フリードマンとマクマイケルの先
駆的な論文によるフードレジーム分析の開始は，農業に関連する資本主義世

---

37) 金融は，アリギによる世界システムとしての資本主義の歴史における「系統
　的な蓄積サイクル」の理論化（Arrighi 1994）の中心をなし，アリギとムーア
　によって判りやすく要約されている（Arrighi and Moore 2001）。1920年代に
　は，チャヤノフがすでに，金融資本による米国農業者の支配を示唆していた
　（Chayanov 1966, p.202）。「金融化（financialisation）」——しばしば，そして
　妥当にも，「新自由主義的グローバリゼーション」における支配的な蓄積様式
　とみなされている——と今日の農業投資と貿易に対するその影響は，Moore
　（2011），Clapp（2014），Fairbarn（2014），Isakson（2014）によって検討さ
　れている。

界経済の理論的・歴史的な分析枠組み構築に役立つ手段を大いに豊かにした。たとえば，今までの3つのフードレジームの解説で説明されたように，フードレジーム分析は，①国際的な面における農業と工業の発展との関係，②国際的な移民の影響（入植者植民地），③世界資本主義における覇権の移行，④世界市場を支え，その形成を助長した貨幣的・金融的編成と国際的な国家システム，⑤農業生産の諸パターンに影響を与え，かつそれら（農業生産の諸パターンのこと：訳者注）を世界貿易・金融の回路を通じて結びつけた国際・国内政治と国家の政策，⑥資本と蓄積の新たな組織形態としての企業アグリビジネスの出現，しかも，長年をかけて産業資本と商業資本，金融資本と農業資本の結合，そうでなければ相互連結のありようを形づくるにいたった企業アグリビジネスの出現を，すなわち，第3フードレジームの着想と議論の中心的テーマについてである[38]。

p.637

　この全ては，世界農業における，さまざまな傾向や動向とその原動力との結びつきを統合し総合し示唆する，不可欠かつ貴重な文献，実証分析，理論的研究を大量に生み出した。実際，過去25年ほどの間にフードレジーム分析によって生み出された問題や考えに関わることなしに，今日の世界の農業変化を考慮するのは不可能であり，少なくとも無益である（Bernstein 1996/1997）。同時に，フードレジーム分析の包括的な広範囲さにもかかわらず，既述のように，その枠組みには，人口問題と「農民問題」に関する2つの重要な欠落がある。

人口

　フードレジーム分析における人口統計学的な側面の欠落は顕著で，「帝国を養う」（Friedmann 2004），「世界を養う」（McMichael 2006）といったタ

---

38) さらなる追求はしないけれども，アグリビジネスは2つの発祥地（いずれも第1フードレジームの時代）があるとここで示唆される。つまり，シカゴを中心とする米国のプレーリーの世界市場向け穀物地域（Cronon 1991）と，特に東南アジア（Stoler 1985）とブラジル，カリブ海諸国における植民地の「新しい」（工業）プランテーションにおける輸出農業の組織化である。

48

イトルの論文で強調されているが，実際には食べなければならない（増加する）人数について何も言っていない。国際的なフードレジーム分析を開拓し発展させた人々から，この点に関する何らかの議論を期待したい。世界人口は過去250年ほどの間におよそ12倍増加し，約150年前の第1フードレジームの開始以来，加速度的になってきた[39]。もちろん，（とりわけ）フードレジーム分析者が強調するように，今日，多くの人々が倒錯的な食料の過少消費と過剰消費という背景の中で飢えているが，この歴史的に前代未聞の速度での世界人口の増加は，食料生産の大幅かつ継続した追加的な成長を必要とする。そうすると，これまでの3つのフードレジームの記述が焦点を絞ってきた（資本主義）農業および農産物貿易の種類は，食料生産の増加と入手可能性においてどれだけの役割を果たしてきた（そして果たしている）のだろうか？

　もちろん，これら簡潔な考察や疑問は食料の「量」だけ，つまり穀物のトン数やカロリーなどだけに関わり，フードレジーム分析の指摘する食料および食生活の諸タイプの顕著な変化に関わるものではない[40]。もちろん，フードレジーム分析がそのための唯一のアプローチではないが，食料の流通と消費，生産の諸パターンにおける「量」と「質」の問題を，国際的規模での農耕と農業の資本主義的組織における変化の問題とを結びつける点で，他のアプローチよりもはるかに踏み込んでいる。

p.638

---

39) マクマイケルは，企業フードレジームに関する文章から直接的に続けて，「1700年の7％と比較すると，地球表面の約40％が農地，あるいは牧草地に転換されてきた」と報告する（McMichael 2006, pp.178-79）。ここの結びつきは何なのか？　あるいは不合理な推論なのか？　なぜ1700年が基準年なのか？　1700年と，企業フードレジームが出現し始めた1980年代までの間に何が起きたのか？　彼が引用する，3世紀にわたる耕作面積の増加が，同時期の世界人口の増加より（はるかに）少ないことは重要だろうか？

40) この重要な点を明確にしたハリエット・フリードマン（私信）にとりわけ感謝する。また，この論文の匿名の査読者のひとりによる，歴史的には「農地と非農地の区分もまたあまり明確ではなく，周囲の生態系から採取される食料／バイオマスの絶対的・相対的規模もはるかに大きかった」という重要な意見についても，ここで言及しておくべきである。

人口問題はまた，「農民問題」とのある種の結びつきを提供する。

企業フードレジームと「農民的転回」(Peasant turn)」

　マクマイケルの企業フードレジームは，上記で要約したように，テーゼとそのアンチテーゼに依拠している。テーゼは，現在の新自由主義的グローバリゼーションの時代の中で，工業化農業とアグリビジネスの実践（とイデオロギー）において，かつてなく大きい強度でもって現象している，環境的かつ社会的な資本主義の内在的破壊力である。同時に，工業化農業とアグリビジネスの，新自由主義的グローバリゼーションのより広い枠組み・力学に対する関係は，すべてが明らかになっているわけではない。前者は（主に）後者によって動かされているのか？　前者は，後者の最も重要な原動力，あるいは最先端なのか？　そして，企業フードレジームは，今日の世界における最も重要な闘争領域なのか？　最後の質問への肯定的な回答はアンチテーゼを指し示す。つまり，社会正義と生態的健全性に向けた「農民の結集」である（後述）。

　危険なのは，（前述のマクマイケルの意味における）「フードレジーム・プロジェクト」への転回に伴い，この対立が，主張されているような本来の意味での「矛盾」というよりも，二元的なそれになってしまい得ることである。これは，実証的論拠が，その議論を検証するためというより，テーゼとアンチテーゼの対立を支持するために選択的に収集され，展開されることを意味する。端的に言えば，複雑で矛盾した現実の究明は，アグリビジネスの決定的な悪徳と小規模農業者の決定的な美徳の立証に置き換えられる。このことの表れが，「フードレジーム・プロジェクト」を支持するために使われる文献の圧倒的部分が，①敵（世界銀行と国際通貨基金（IMF），アグリビジネス企業）のイデオロギーと意図[41]を示すための，それらによる言明，②アグリビジネスによる破壊の記述，③一部は「政治的プロパガンダ（Agit-prop)」的な形式の運動組織のウェブサイトからかつてなくあふれ出てくるものを含んだ支持「論拠」という，美徳ある「オルタナティブ」の説明，か

50

ら構成されていることである。マクマイケルの「フードレジーム・プロジェクト」にとって異なる結論，あるいはより問題のある結論を指し示す農業動向の分析は，大部分が無視される[42]。

　もうひとつの表れが，先ほど引用したフリードマンの疑問，つまり現在の瞬間におけるアグリビジネスと他の資本，特に現時点の金融資本の再構築と戦略，それら条件と効果に関する疑問によって，ならびに（前に引用した）彼女の考察，つまり，「農業・食料企業はその利害関係において実際は異質

---

[41] もちろん，意図というものは「プロジェクト」という概念にとって中心的だが，プロジェクトの理論的根拠，ましてやそれを実現するためにとられた（あるいはとられなかった）行動やその相対的な成功，あるいは失敗を説明するには，つねに自明であったり適当であるというわけではない。Friedmann（2005, p.232）は，「1870年の後の数十年間で生じた世界の小麦市場は，当時の様々な階級の目標達成に役立ったけれども，実際には誰の目標でもなかった」と述べた。世界銀行やWTOのような組織の文献を，自明で「判読可能な」意図の発言として扱うこともまた問題である。Matteo Rizzo（2009）は，開発のための農業（*Agriculture for Development*）に関する世界銀行の世界開発報告（2008年）について「それが言っていること」を疑問視することと，「それ自体が矛盾する時」には疑問視しないこととを有益に区別した。つまり，「（報告を）読む政治的により有益な方法は（中略）その多数の内部矛盾を理解することである」。ヴィア・カンペシーナや他の社会運動が行うように，WTOをグローバルな市場自由化の最先端として「解釈する」方法は，そのさまざまな矛盾を見落とす傾向にあり，さまざまな論者が認識するように，WTOは「新自由主義的な」機関としてはあまり効果的ではなくなってしまった。方法論の観点から，より（最も？）一般的に言えば，資本の論理が，資本によって，経済戦略，ましてや政治的な戦略の中で，合理的かつ首尾一貫して追求されているというさらなる仮定をもって，資本主義で起こる全てのことを「資本の論理」の現れとして説明する危険なのである。それは，まさに「機能主義的な」説明の道である。むしろ，資本主義で起こることの多くは，矛盾した社会諸関係の意図しない，かつ予期しない結果であり，そしてそれが諸関係自体の規定に影響を及ぼすのである。

[42] たとえば，McMichael（2013）による小さな本の24ページに及ぶ参考文献リストには，大量の実証研究と正確な分析を伴う商品連鎖に関するコペンハーゲン・モンペリエグループの研究，たとえば，Raikes and Gibbon（2000），Daviron and Gibbon（2002），Gibbon and Ponte（2005），Daviron and Ponte（2005）への言及が全くない。

である」（Friedmann 1993, p.55）という考察によって提示されている。これら異質な諸利害が何であるか，そうした諸利害がどのように例えば競争で表現されるか，何が競争とその諸結果を形作るのか——流動的な金融資本が農業生産と農業貿易に参入したり，撤退したりすることによる不安定な影響といった諸結果は，グローバルな農業とその特定の変化の諸様式と方向性の分析にとって，依然として重要な問題である。そのような問題は，アグリビジネスの悪徳を「立証」するための証拠固めをしようとする衝動の中で，見失われる傾向にある。要約すると，企業フードレジームという分析枠組みによって提起される「問題」は何であろうか？　こうしたマクマイケルの二元的構造であれば，いったい先験的に回答が与えられない問題などあるのだろうか？

　論拠の利用方式としての立証には，さらなる効果ないし相関関係がある。ひとつは，食料の生産，貿易，消費の動向（労働者階級の再生産への圧力を含む）に関する全ての「悪い」ことが，企業農業の破壊の責に帰せられるということである。これは，テーゼを立証する非常に多くの多様な（否定的な）現象のますます広範囲に及ぶ同化，いわゆるスポンジ効果を説明するのに役立つ。それに関連するのがロードローラー効果であり，それは全てを包括してしまうようなテーゼの物語という目的のために，同時代史の説明を平板化し，多くを証拠立てのために提出し主張するが，それらを問うということをあまりせず，最悪の場合ほとんど説明しないというものである。最後に，認識効果である。すなわち，「フードレジーム・プロジェクト」は，先に示唆したように，企業のパワーや「ランド・グラビング」から栄養問題と健康危険因子，さらに生態系破壊と気候変化まで，およそ全ての人が何かしらかかわるようなあまりに多くの今日的懸念事項を包含してしまっているのである。

　その中でも，「ランド・グラビング（land grabbing）」は，とくに時事問題に対する潜在的な共振力を有している。実際，「ランド・グラビング」は，（世界で最も不平等と言われる）スコットランドの土地所有権の分配を変更する試みへの攻撃から，ジンバブエの「最短の土地改革」やISIS（イラクと

シリアのイスラミックステート）の活動への非難まで，予期しない目的のために流用される言説に移行してきた。フードレジーム・プロジェクトにとって，「ランド・グラビング」，より一般的には「農民」略奪は，その中心的テーマの重要な「証拠」であり，グローバルなアグリビジネス資本や中東・中国の政府系ファンドを含むその他の資本と，小規模農業者との間の二元性を強調するものである。しかし他の諸研究は，とくに農業資本家やより野心的な小商品生産者による「下からの蓄積」形態を含む農村生まれの諸資本や，「ホスト」国家を含む社会的諸力が奏でるより複雑な全体効果を示唆しており，また「ランド・グラブ」の程度と影響，およびその根拠を与えるのに用いられる論拠についての無差別な誇張を指摘してもいる（とりわけ，Baglioni and Gibbon 2013，Brautigamand Zhang 2013，Edelman 2013，Oya 2013a, 2013b，Cotula et al. 2014 を参照）。

p.640 　企業資本主義のアグリビジネスと貿易に支配され破壊された世界に対する必要かつ望ましいアンチテーゼとしての「農民の道」の構築は，分析的アプローチとしてのその元来の概念から離れ，政治的「プロジェクト」として考えられたフードレジームの決定的な特徴となっている。食料主権というその旗印は，Journal of Peasant Studiesなどの誌上で，当然のようにかなり活発な議論を今，生み出している[43]。

　「農民問題」のこの特有の再登場と再定式化はとても際立ったものでもある。なぜなら，先に述べたように，第三世界や南側諸国の「農民」は，第1・第2フードレジームの記述にはほとんど欠落しているか，あるいは良くても受動的傍観者（犠牲者？）だったからである。第2・第3フードレジー

---

43) Journal of Peasant Studies創刊40周年記念誌の第2号は，「食料主権への批判的視点」と題されている。van der Ploeg（2014）やMcMichael（2014）を含む食料主権擁護者による（再）言明に数の上で上回られているけれども，Agarwal（2014），Bernstein（2014），Edelman（2014）の多かれ少なかれ批判的な論文が掲載されている。同上マクマイケル論文はJansen（2014）におよる批判的論考の対象になっている。同誌の他の最近の論文では，Li（2015）と，Bernstein（2014）に対するMcMichaelのリプライ（2015）も参照されたい。

ムにおける第三世界／南側諸国の位置づけの変化は，主として国際分業と不平等なパワーの中で大きな「ブロック」を特定する世界システム論の方法をとおして説明される。それは実質的に，各国内部における農業の（変化する）構造を決定づける，大なり小なり一方通行的な「外部」（前述）に焦点を当てることになっている[44]。この意見へのマクマイケルの回答は，以下のように控えめに言っても限定的である。すなわち，第1フードレジームの間，「農民はいくつかの輸出作物を生産した」としつつ，続けて，「間違いなくまだ世界史的な主題にはなっていなかった」（2015, p.196, 注6）と指摘している[45]。

> 「それが主題になるのは，新自由主義的な構造調整とWTO時代の自由貿易協定をつうじて，世界の全ての地域を安価な食料で包含する第3（企業）フードレジームになってから初めてのことだった。そしてそれによって，全ての農民諸階級を直接的に，食料主権運動における潜在的にはグローバルな主体の役割に投げ入れることになったのである」（McMichael 2015, p.196）。

これは，第三世界の食料輸入依存の起源とそれが第2次フードレジームに与えたとされる影響，世界システム分析の大半，植民地主義の歴史における農村労働と土地の大規模な再編成，近代世界の形成における「20世紀の農民戦争」（Wolf 1969），そして，前に要約した時代区分における「農民化」「脱農民化」の世界史的波に対するアラギの関心（Araghi 1995も参照）に対する，初期のフードレジーム分析の洞察を素通りしているように見える。同時に，それは，「農民」への劇的な転回と彼らが第3フードレジームに対抗す

---

44) 同様に，McMichael（2013, pp.84-96）は，第3フードレジーム内の大きな地域（東アジア，ラテンアメリカ，中東）の概要を述べている。
45) （国際）資本主義の初期の時代の「世界史的な主題」はいたのか？ もしそうなら，それは誰なのか？

る「プロジェクト」で果たす中心的役割を詳細に解明することになる。この「農民的転回」に対するさらなる評価は，別稿で取り上げたので圧縮して記しておく（Bernstein 2010, 2014）。

　ここで最初の疑問は，「農民」とは誰であり，そして何が彼らを現代の「世界史的な主題」，「資本の他者」たらしめているのか，ということである。そしてそれは，現実に一箇の「階級」なのか，あるいは階級的な特徴を有するのか？ ここで問題なのは，「農民（peasants）」やその類義語である「小規模農業者（small farmers）」「小規模自作農（small-holders）」「家族農業者（family farmers）」などについて適切な理論化と特定化がなされていないことで，そのため，誰が，どこで，いつ意味付けされているのかを理解するのが困難になっている[46]。マクマイケルの小著（McMichael 2013）の語

p.641　彙集には「農民（peasants）」や「農業者（farmers）」の項目はないが，「再農民化（re-peasantisation）」の項目では，「環境的豊かさを再構築するために自己組織化するアグロエコロジーの『農民の実践』」（p.163）とある。

　この問題は，「『農民性（peasantness）』は分析的なカテゴリーというより，政治的なカテゴリーである」（McMichael 2013, p.59, 強調は引用者）と主張することで消滅させることができるのだろうか？政治的なカテゴリーとして，それは以下の事項を含むのかもしれない。(1)「自己組織化するアグロエコロジー」のような望ましい目標[47]，(2)一種の前衛に相当する一部の小

---

46) そのために，前に引用した「世界の食料の70%は小規模自作農（smallholders）が生産している」という主張のように，高度に集団化された「様式化された事実」を評価することは不可能になるのである。「小規模自作農」の「小」は，正確には何だろうか？ 彼らは誰なのか？ 彼らは全員，同じ方法で農耕をしているのか？ 等々。

47) 前に引用した同じ批評者は，「『自己組織化とアグロエコロジー』は（中略）正反対である。アグロエコロジーは農業生態系の計画的／意識的な組織化を伴い，多様性と補完性に焦点を当てるものだし，もし『自己』が個人主体としての農民を意味するなら，それはアグロエコロジーとも一致しない，というのは，アグロエコロジーは農民の知識だけでなく，『実践の共同体』における近代的な科学的研究を組み合わせることにも関係しているからである」と示唆する。

規模農業者によるその実践，そして（3）以下のような理由から「農民の実践」に従いたくてもそうできないその他の人々，おそらく小規模農業者の大多数である。すなわち，企業資本に支配された市場，技術，信用などに直接的かつ間接的に従属している，あるいは，そもそもそうしたくはなくて，むしろ小商品生産者や，場合によっては小規模蓄積者として自分達を再生産することに専念している人々である（Agarwal 2014, Jansen 2014）[48]。

　ここで確実に問われるさらなる疑問は，「企業アグリビジネス」，そして実際には金融資本も，農民（あるいは農民性）と本質的に同様の意味において「政治的な」カテゴリーであるかどうかである。つまり，そのような資本が行う，あるいは行おうとしている政治的な陰謀を，概念的に十分に超えているのか？　もしそうなら，なぜ，そしてどのように？　もしそうでないならば，マクマイケルの第3フードレジームの二元的構造に奇妙に偏った性格を与える。つまり，テーゼは，企業アグリビジネス——現代の資本一般？——を高度に「構造主義的」な方法（それは，前に引用した「フードレジームの系統研究」を辿る際の暗黙の自己批判的要素を想起させる）で描く一方，アンチテーゼは諸範疇の「政治化（politicisation）」に依拠しているということになる。

　分析的枠組みを抜きにした「農民性」に関する相対的に首尾一貫した「支持的」（あるいはイデオロギー的）な見解を認めたとしても，「農民」が多くの異なる方法で自らの存在条件の商品化を受け入れ，交渉し，異議を申し立てるという長く，極めて多様な農業変化の歴史をどのように理解するのか（Bernstein 2010の第3章，その中の参考文献）？　これら多様な歴史に対するどのような有益な分析的研究であっても，超歴史的，従って本質主義的な方法で「農民性」の理論化を目的とするのではなくて，いつ，どこで，どのように，資本の地理的拡大（Jason Moore 2010bの用語では「商品のフロン

---

48) また，ここでは，別の文脈から，マイケル・ブラウォイによる「グローバル労働研究の誤った楽観主義」に関する議論（Burawoy　2010, 2011）も当てはまる。

ティア」）が資本主義以前の異なる社会形成と直面し，何が影響を与えたかを含む，資本主義世界経済の異なる時代と場所を中心問題にすえなければならない[49]。

　これこそが，農民が小商品生産者として，あるいは労働力の販売といくらかの農耕を組み合わせた農村を基盤とする労働者階級として資本主義的社会関係に組み込まれ，それを通じて自身を再生産しなければならないことから生じる，農民の階級分化の傾向を取り上げるのに，農業政治経済学が適切かつ不可欠であり続けるゆえんである。このテーマには，歴史の文脈と前後関係への留意が必要である。資本主義の出現とその初期の歴史（工業化以前）に関する議論では，もっぱら農村内部の社会力学に関して，農業階級の形成を研究することがより妥当に見えるかもしれない。その後の歴史は，さまざまな種類の農村－都市間の相互連結——特に，私が「農村を越えた農業資本」や「農場を越えた農村労働者」と呼ぶもの——，ならびに資本主義的発展の「一国的」道筋を形作る，さらなる諸規定が必要である。資本主義世界経済の形成と発展，それが農村の階級形成，農村－都市（および農業－工業）の相互連結，資本主義的発展の「一国的」道筋の見通しに及ぼす影響は，もちろん，さらなる諸規定を持ち込むことになる。世界経済の力学が最初から資本主義を形成したと論じる研究者もいれば（Wallerstein 1983, Araghi 2009a, Banaji 2010），1870年代からの第1フードレジームや，まして現在の第3フードレジームの中でそうであるように，世界経済の力学がその後の資本主義の歴史において特定の「形」，力，そして結果を獲得してきたとする研究者もいる。

　そのような歴史的前後関係の問題とその緊張関係を概説しつつ私は

49）そして／あるいは，最近，「チャヤノフ主義者宣言」（van der Ploeg 2013）で再掲された，農民の自律性への決定的な奮闘に対するプルフの強調のような，主意主義者（voulantarist）的なやり方もある。McMichael（2013, p.145）は，van der Ploeg（2008）が「農民の状態を普遍化」していると考察し賞賛するが，私としてはそれが根本問題の一部だと示唆しているわけである。この問題に関するAraghi（1995）も参照。

（Bernstein 2015），農村の内部，「国民」経済の内部，世界経済から生じる「外部」という，「場所（locus）」によって区別される全部で3種類の諸規定が，今日の農業変化の研究に対して適切であると論じている。ポイントは，3番目の規定（世界経済）が他の諸規定を余分なものにしてしまうのではなく，むしろ変化する歴史的条件の中で，「農民」分化を含む農村の階級形成の実りある研究のために，それらを位置づけ，精緻化することにある。

　農民ポピュリズムは，小規模農業者の間での階級分化の力学をいつも否定してきた。これは，「農民経済」の最も重要な理論家であるA.V.チャヤノフの遺産である（Bernstein 2009, van der Ploeg 2013）。今日の状況では，農民の間の階級的相違は「農民の道」の擁護者によっても承認されているかもしれないが，これはそぶりにすぎない。そのような相違は，（国家によって支援されている）主要な敵である企業アグリビジネスに対する（全ての）「土地の人々」の団結という政治的目的に厳しく従属させられている。そのような分析的なものの政治的なものへの置き換えは，歴史的にそうであるように，今日の農業変化と階級形成のいくつかの重要な原動力と方向性を理解するための手段を貧弱にしてしまう[50]。

　「資本の他者」としての「農民性」については，いくつか他のポイントがある。ひとつは，「農民の道」を支持するために小規模農耕の「象徴的事例」，典型的には綿密な精査に堪えない「象徴的事例」（Bernstein 2014）を用いることを，前述した検証とそれに関連する諸効果（訳注：スポンジ効果，ロードローラー効果，認識効果）に加えることができるということである

---

50) 第1と第2のタイプの（「内部」）諸規定を探求しつつ，今日の中国における農村階級形成および下からと上からの蓄積の力学を例証している研究に光を当てるには，Journal of Agrarian Changeの特集号（Oya, Ye and Zhang 2015）のZhang,Oya and Ye（2015）とYan and Chen（2015），Zhang（2015）を参照。1990年代初頭以降の自由化の文脈におけるインド農業の最近の階級分析については，さまざまな程度の「内部」と「外部」の諸規定を結合させているBasole and Basu（2011）とLerche（2013），Ramachandran（2011），Ramachandran and Rawal（2010），現代の東南アジアにおける「下からの蓄積」の優れた分析については，Hall（2012）とLi（2014）を参照。

(Bernstein 2014)。いまひとつは,「農民性」の定義に用いられるアグロエコロジーという理想,これはより持続可能な収量を優先して農耕の労働生産性の下落を伴うものであるが,それが,都市だけでなく農村にも多数いる自ら生産しない全ての人々を養うのに十分な食料を生産できるかのかどうか,という点である。これは人口動態（前述）と結びつく指摘である[51]。最後に,

p.643 食料の流通は,市場に関する疑問と結びつく。ヴィア・カンペシーナとマクマイケルを含むその支持者は,自らは「反市場」ではなく,「農民」は市場のために効果的に生産できるし,そうしていると言うのが慣例であるが,こう言ってみてもそれは「オルタナティブ」市場の「象徴的事例」（前述）を越えて,「現実的な市場」の諸規定と複雑性を特定する試みにはなっておらず,したがってまたしても主としてはそぶりのままなのである（Bernstein and Oya 2014）。

結論

　本論文における選択性がもつひとつの側面は,明白であると同時に厄介である。それは,フードレジーム分析の2人の先駆者,ハリエット・フリードマンとフィリップ・マクマイケルの考えをやはり選択的に提示し検討して吟味してきたことがもつ限界である。これは,彼らや他の人々にとっていささか不公平であるが,フードレジーム分析に由来し,それによって刺激を受けてきた,あるいはそうでなければそれに結びつく,豊かで多様な分析と証拠の位置関係を示すために,他の農業政治経済学の諸潮流と結びつく必要性に

---

51) Weis（2007）は,小規模のアグロエコロジカル的農耕が世界を養うことができ,実際に現在,世界で農業生産に使われているよりも小さい面積の部分でそうしなければならないと論じる人びとのひとりで（Weis 2013, 第4章）,食生活の根本的な変化,特に現在,増加する食肉の消費水準からの転換が必要であるとの立場である。この信念に対するより懐疑的な疑問符が,特にWoodhouse（2010）, Jansen（2014）によって投げかけられている。これは,ワイズとフリードマンによって批判された,肥大化し,物象化された労働生産性の概念を優先する初期設定によって論じるのではなく,実際には,ほとんど常に規模の経済の物象化と関連している。

59

ついて簡潔に論評するための，便宜上の手段なのである。決定的な意味において，フードレジーム分析の功績は，その創始者たちの（継続的な）貢献を越えて広がっている。原型となる枠組みを誘発した問題の理解を深め，さらにそれらを継続的に精査し，更新し，議論することを目的とした業績を生み出している研究者や著者の少なくとも「第二世代」がいる。

　フードレジーム分析は，「農民的転回」と命運をともにするのか？　その端的な回答は，「農民の道」への奉仕のために自らを曲げることなく存立できるのであり，私の見解ではその方が「農民の道」のためにも賢明である。前述の「農民的転回」に対する批判の最も顕著な要点は，それがユートピア主義だから非難しているわけではなく，むしろ，我々の住む世界資本主義の契機についての知識を進歩させるための分析的・実証的要求をいかに省略させてしまうかということにある。皮肉なことに，そうした簡略化が，農村における階級力学に対する特定の力に当てはまり，そのような力を無視することによって，（以前の）フードレジーム分析がもっていた開放性からの不幸な逸脱が刻印されているのである。

　とくにフードレジームを構成するいくつかのより厳しい基準に照らして，現在の第3レジームがあるのかどうかは未解決のままの問題である。第1に，おそらく，これらの基準は，予測的に適用することはもちろん，同時期に適用するよりも遡及的に適用する方が容易なのであるが，これは社会科学の理論ではよく知られた症候群である。第2に，人口増加や農村の階級形成の力学を包含するのではないにしても，新自由主義的グローバリゼーションの時代におけるあまりに多く（何もかも？）を包含するほどにその視野を拡張することに，単一で支配的なフードレジームという考え方が困惑してしまっているのかもしれない。

　いずれにせよ，第3フードレジームが存在するのかどうかということは，世界史の現在の時期の変化の不安定さを研究し，理解しようとすることほど重要なわけではない。フードレジーム分析の課題——それが特定してきた問題の範囲と，問題を研究するためにそれが示唆する手段——は，そうした研

究・理解の努力にとって依然として鍵であり続けている。

【謝辞】

　本論文は，‘Food Regimes and Food Regime Analysis: A Selective Survey’, BICAS Working Paper 2, 2015, を大幅に改訂したものである。ハリエット・フリードマンとの対話と，ジャーナルの匿名査読者による改善に感謝するが，ありうべき欠点の責は私一人に帰する。

【開示説明書】

著者による潜在的な利益相反は報告されていない。

【著者紹介】

　ヘンリー・バーンスタインは中国農業大学人文・開発学部（北京）の非常勤教授であり，ロンドン大学東洋・アフリカ研究学部（SOAS）の開発研究名誉教授である。彼はテレンス・ベイアーズ（Terence J. Byres）とともに1985年から2000年まで*The Journal of Peasant Studies*の共編者を務め，また同じくベイアーズとともに*The Journal of Agrarian Change*の2001年創刊以来の共編者をも務め，後者について2008年に名誉編者となった。彼は農業変化の政治経済学と社会理論に関して長年研究関心を持ち続け，より近年にはグローバリゼーションと労働力に研究関心を有している。彼の「大きな思想に関する小さな単著」である*Class dyamics of agrarin change*は，英語版に加えて，バハサ・インドネシア語，中国語，スペイン語，トルコ語版として出版されてきており，さらにフランス語，ロシア語，タイ語版も近刊予定である。

[清水池 義治 訳]

II
コメント：フードレジームの再考

フィリップ・マクマイケル

p.648 **要約**

　この論考が問題にするのは，H・バーンスタインのフードレジーム分析についての批判的検討である。なかでも私のフードレジームの解釈が「農民的転回」（"peasant turn"）という誤りを導いたという主張に焦点を当てている。私が主張したいのは，私の「農業問題」の再定式化が，資本の土地支配によるでこぼこした過程の分析や，したがってまた農民階級の運命の分析以上のものであることを，バーンスタインが的確に捉えていないということである。私が見ているのは，エコシステムが存続できるかのあやうさ，不安定な労働環境，都市スラムの広がり，国家の民営化，金融化，知的（財産）権，気候変動の緩和などの問題を含むグローバルな社会的・エコロジカル的運命におよぶものである。ここで見逃せないのは，以上の諸問題と「農業の工業化」と囲い込みの過程のつながりに対するグローバルな認識は，古典的な農業問題の枠内では考えられなかったであろう「農民の結集」（'peasant' mobilization）によってこそなしえたということである。農民諸組織は大規模な収奪の事態に，世界貿易機関（WTO）体制に制度化された新自由主義的食料秩序への挑戦を媒介してきた。新自由主義的「食料安全保障」がアグリビジネスによるプロジェクトであることを政治問題化することで，「食料主権」という抵抗運動は，国家や市民の権利を凌駕した企業の権利を擁護する「自由貿易」体制の非民主的かつ貧窮化を導く構造を暴露することを目的に，"戦略的原理主義"の路線を採った。まさにこうした抵抗運動は，その内部からフードレジーム分析を生み出し，農民プロジェクトの枠を越えたところに到達している。この論稿では，フードレジームの軌道についての認識を深めるため，比較史的方法を採用している，つまり，その政治的立場を複雑にし，形成さらに再形成するような相互に作用する諸力と関係の矛盾状況としてフードレジームの経路をみることによってである。

キーワード：フードレジーム，食料主権，農民の結集，囲い込み，歴史的方法，農業問題

62

はじめに

　2015年８月にメキシコザカテカス州ザカテカス市に所在するザカテカス大学で開催された批判的開発研究会のコメンテーターで，拙著『フードレジームと農業問題』のスペイン語版の編集者であるD・テトロー（Darcy Tetreault）と議論を交わした[1]。彼の私の著書に対する主要な疑問は，A・チャヤノフについての言及がないことと，農民の定義についてだと思われた。私は，著書の主要な論点は農民階級それ自体ではなく，フードレジームおよび農民諸組織が起こした対抗運動にあることを強調した[2]。それは小規模生産者がいかに自分達の家族労働配分を均衡させるかを論ずるチャヤノフ主義的小著ではないし，農民が革命的主体を構成するかどうか，するとすればどのようにかを問う小著でもない。そうではなくて，新自由主義的政治・経済支配体制が世界中の至る所で社会やエコシステムの不安定化を本格化させた時期に，ひとつのオルタナティブな世界的見通しを示した「食料主権」という名の歴史的に特有の結集について論じているのである。

p.649

　「食料主権」は世界を概念的に再編制するものである。食料主権運動は単に農民や食料セクターに留まらず，今日の貿易や投資制度の非民主的で非持続的な影響を問題にしている。国際政治経済の再編成，すなわち民主主義原則，ジェンダー平等，生産者の権利，エコロジカルな保全，都市と農村の不均衡の是正などに関心が向けられるようになったのである。このことが都市と農村を再結合させると同時に，「農業問題」を，単に資本が農業を従属させる際の階級同盟の問題としてではなく，普遍的な社会・エコロジー的問題として再定式化しているのである（Araghi 2000；McMichael 1997）。ビア・カンペシーナの設立者の一人であるポール・ニコルソンは1996年に以下のよ

---

1 ）テトローの批評は，私の回答とともに，Estudios Críticos del Desarrolloに掲載される予定である。
2 ）農民諸組織に関する信頼のおける報告書として，Desmarais（2007）を挙げておく。

うに述べている。

　　今日まで，世界中の農業政策に関する議論においては農民運動への関
　心は皆無であり，われわれには発言の機会は与えられていなかった。ビ
　ア・カンペシーナのまさにその存在意義において重要な点は，声をあげ，
　より公正な社会の創出のために語ることである。（中略）自然と生命を
　大切に扱うものとして，われわれには果たすべき根本的な役割があるの
　だ（ビア・カンペシーナ 1996, pp.10-11）。

私の視点

　本論は，フードレジームに関する私の主張に対する誤解を解くことを意図
している。私が農民を基礎にした抵抗運動に重要性を認めるところから，読
者にはフードレジームにおける対立軸として「資本」と「農民」の単純な二
元論を惹起させる可能性があるが，そうではない。というのは，これらは
フードレジーム分析にとっては不可欠のある種の歴史化を必要とする抽象的
（そしてそれゆえ，一方が真なら他方も真，逆は逆という「不等価」な）用
語法なのである。イギリスとアメリカのヘゲモニーによるかつてのフードレ
ジームとは対照的に，新自由主義体制下のフードレジームにおいては，国家
が資本に奉仕する関係が構築されている。私の解釈では，これは国家や市民
の主権を凌ぐほどに企業の権利が何よりも優先されていくという特有の組織
化原理といえる。世界貿易機関（WTO）の規則が，現在協議中の貿易協定
のなかでも特別にこのことを物語っている。
　この意味において，新自由主義下のフードレジームは「企業」フードレ
ジームなのであるが，この（相対歴史的）規定は全ての企業が同じであるこ
とを意味しているわけではないし，レジームが，バリューチェーンが進化し，
金融化が進展し，小売業が転形するにしたがって変質しないことを意味して
いるわけでもない。これ（企業フードレジーム）は，フードシステムが商品
化された集合体ない食料帝国（van der Ploeg 2008）へと再編される際に，

64

企業の多様な領域における利害が特権的に厚遇されることを意味しているに過ぎない。そして，以前のフードレジームのダイナミズムが中心的な緊張状態——温帯（一国的）対熱帯（帝国主義的）の緊張状態（1870年代〜1914年），あるいは一国的対超国籍的の緊張状態（1950年代〜1973年）——を基軸に展開していたように，今日のフードレジームにおけるダイナミックな動きには，抽象的なグローバリズム（成分分解のうえ再構成された工業的な「出所不明食料」）と，具体的なローカリズム（エコロジカルに生産された食料と内部化された市場（≒生消提携的），つまり「出所判明食料」）との間の見逃せない緊張関係が存在している。こうした緊張関係とその背後にある「制度的構造物」は，北米自由貿易協定（NAFTA）とWTOが結ばれて以降の脱農民化の激化の時期に，1996年に最初に世界プラットフォーム上で公表された「食料主権」政治プラットフォームをめぐって結集した農民諸組織によって明確に結びつけられたのである。こうした農民諸組織の結集という形での介入は，防御的な抵抗運動である以上に，経済民主化，エコロジカルな健全性と公衆衛生の諸改訂にとっての前提条件として，諸国家および食料生産者達の主権ということを関心事としているのである。

　アラナ・マンが主張するように，この運動は，「人間活動のあらゆる側面に破壊的な市場関係と商品化を要求する潮流に対抗する壮大なプロジェクトの一環として農業を再び舞台の中心に据える」のであり，「食料主権」とは「新自由主義（的政治経済体制）が引き起こした複雑に絡み合うグローバルな危機の解決策」の象徴なのである（Alana Mann 2014, p.3）。ローカルな経験がグローバルな解決策を教えてくれる——農民プロジェクトはそのようなものとしては不十分である。

p.650

　こうした論点が，H・バーンスタインの論稿を検討させることになった。彼は，フリードマンと私の初期のフードレジーム分析（Friedmann and McMichael 1989）およびそれ以降の論稿をしっかりと読んでくれた。彼の結論は，フードレジーム分析の基本的意義は，世界史的・歴史的転換における画期の解明にあるということであった。特定のフードレジームを概念化す

65

るに当たっては，時代毎のヘゲモニーが形成・規定する資本主義および国家体制・制度の正確な把握が必要であることから，彼の批判は妥当であったと考える。

　この比較史的な観点は，現在の事象とその推移を解釈する基礎であろうが，それはビル・プリチャードが指摘するように容易なことではない。

　　　フードレジームアプローチの本質的な特徴は，それは時代を後から振りかえって把握するためのツールとしてこそ最も有効に使えるということにある。それは，現代のグローバルな食料に関わる政治の混乱を暴き出すことに役立つが，しかしなお展開しつつある未知の将来に対しては，必然的に不確定要素に依存した形でしか適用できないことになる（Bill Prichard 2009, p.8）。

　この指摘は正鵠を射たものであり，私とH・フリードマンの間で行われた「第3の」フードレジームが存在するかどうかに関する論争にみられた相違点の解釈に適用すべきものかもしれない（Friedmann 2005；McMichael 2005）。私が1980年代以来，「企業フードレジーム」の観点を採用していたのに対して，フリードマンはおそらく「企業－環境フードレジーム」が登場する可能性をみていたからである（Friedmann 2005）。私は，個人的にフリードマンに宛てた文書では，以下のように述べている（2015年12月28日）。

　　　ある点では，私が過去を見ているのに対して，あなたは将来を見ているのだ。それはスタンスの問題である。すなわち，私が関心をもってきたのは以下のことである。いかにして囲い込みが輸出農業と農産物輸出の普遍化を通じて農業地域・関係を転形してきたか，いかにして土地を持った人々の将来（その他の諸問題の中でも特に）を奪いうるのか――バイオ燃料，投機，東アジアや中東諸国家の海外農業による食料確保を目的としたランド・グラビングとして今日発生しているわけだが，こう

した囲い込みが食料主権の政治に新たな条件を与えることになるのか。あなたが過去四半世紀にわたるフードレジームの存在を認めずに，登場しつつあるものの兆候を見いだすという選択をすることで，論点を将来的な問題に収束させがちになるのではなかろうか。私は，フードレジーム分析が有効であるかどうかについては，ゼロサムな状況であるとは見ていない。

　私の見解では，ことの本質は，フードレジーム分析は世界規模での食料の生産・流通にともなう政治的・経済的（そして現在ではエコロジカルな）関係を解明するための歴史学的手法を提供しているところにある。すなわち，フードレジーム分析は過去１世紀半にわたる世界規模の資本主義経済の拡大を駆動してきた政治的・社会的諸関係の歴史的な転形を画期区分して考察することを可能とし，併せて現代の構造変化に関しても有益な洞察を可能とするのが枢要な点なのである。それは少なくとも構造変化の確定を試みることを可能にするが，将来についてはせいぜい予測できるにすぎない。

　こうした文脈では，「フードレジーム」は理論的構成概念というよりも，分析の形態である。それは方法であって，実際のところ世界史的方法である。アグリフードのレンズを通して，グローバルな力関係の重要なシフトを理解するための道筋である。そうしたものとしてそれは国際関係理論や世界システム分析といったものに挑戦している。開発に関するリベラルないしマルクス主義理論の枠組みを再構築するものである。拙著『フードレジームと農業問題』（McMichael 2013a）で主張した通り，フードレジーム分析は相対的に様式化した方法でいくつかの核心的な分析枠組みを打ち立て，やや定式化して表現すれば，国際政治経済における食料の重要性について，また人道的であることやそのエコロジカルな土台にとっての食料の関係に関する新たな一連の研究と認識を促進してきたのである。もちろん分析をさらに充実させるには，たとえば労働，ジェンダー，人種や民族性，エコロジー，食生活と栄養，経済の金融化，バイオエコノミー，地域の多様性などの諸問題のレ

パートリーを取り込むことが重要であるとは考えている[3]。この間に，重要な論点の数々を浮き彫りするうえで多大な貢献をおこなったバーンスタインを評価したい。

p.651 いわゆる「農民的転回」（peasant turn）

　現在のフードレジームについての私の見解に対してバーンスタインは深い疑念を有しており，その焦点は「出所不明食料」と「出所判明食料」の間に生じている大きな緊張についての私の見解に向けられている。それを彼は「農民的転回」と特徴づけるのだが[4]。バーンスタインが私をポピュリストあるいは一種の農民原理主義者と表現している私の議論を明確化する機会を得られてことを嬉しく思う。この表現は，上記に暗示されているように，「農民階級」（社会的カテゴリーとしての）と現代の抵抗運動という異物を混合している。そして，この抵抗運動は農民主導の将来に関するものではなく，20世紀後半の世界食料秩序の中心的矛盾——すなわち新自由主義制度・政策を介した食料安全保障の主張は幻想であること——，そしてそれが農民の土地の収奪と独占支配の構造をもたらしたことを明確にするために集まった初期の農民諸組織に関するものである。1996年の「食料主権」という社会への発言の遺産は，農民と農業者が，食料とエコロジーの新しい政治の到来を告げ，同時に国際関係におけるモラル・エコノミーに関心を向けたものであって，ポピュリスト的「農民的転回」以上の政治問題である。

3）Dixon（2014）によるエジプトと北アフリカを対象とした研究を例に挙げておく。

4）BovéとDufour（2001）は，「出所判明食料」の対義的概念といえる「出所不明食料」というアイディアを先駆けて提示した（McMichael 2002）。空間的な問題だけではなく，「出所判明食料」は「資本の論理とは異なった」ルールを共有する，自己組織化された土地利用者達が管理するローカルな共有資源という手段を行使するのであって，そうしたルールが反映しているのは資本の論理ではなく，関与している生産者の利害と展望，エコロジカルな循環，および／あるいは社会正義，連帯，ないし（潜在的な）利害対立の抑制といった原則である（van der Ploeg, Jingzhong, and Schneider 2012, p.164）。

　私の指摘したいことは，上記のようなカテゴライズ化では食料主権運動が有する想定以上の重要性を不鮮明にしてしまう点である。ブラジルのMovimento dos Trabalhadores Rurais Sem Terra（MST）の土地なし労働者と，インドの中間・ブルジョワ農民組織Karnataka Rajya Raitha Sangha（KRRS）との間の同盟をカテゴリー的にくくろうとしても，それは困難である。つまり，階級分析を重視するアプローチでは，特徴的かつ一見矛盾するような生産関係の本質を捉えにくくし，上記のような考えられにくい同盟を理解するのを困難にする。私が論じたように，フードレジーム分析は，そうした階級横断的な政治的同盟を生み出し，「農民」のアイデンティティおよび21世紀の農業問題をとりまく政治的状況を浮かび上がらせる際の循環関係の重要性を認識することによって，上記の理解を可能にさせるのである[5]。「循環関係」とは，単に商品の動きだけではなく，国家システムによって創りだされた世界市場──特定の地域に影響力が発揮される世界市場──を指している。ここにおいて，土地利用者は，各国に特有の財産制度の枠組みのもとで，世界的な新自由主義政治・経済体制のインパクトと対峙することになるのである。構造調整と自由貿易・投資政策は，すべての農業部門と食料価格を共通の市場支配にさらしたが，それにもかかわらず，国内階級構造を通じてそれを屈折させるものであった。輸出農業は企業フードレジームにおいて普遍的であるが，地政学的独占とどこにでも存在する食料帝国によって組織されている（van der Ploeg 2009）。「食料主権」は，政治的スローガンを越えて，フードレジームおよび交換価値[6]が支配する世界規模の「農業者のいない農業」を生み出そうとする循環関係がもつ核心的な矛盾への抵抗運動であり，単なる「農民的転回」ではない。

p.652　食料主権運動からの示唆を広い意味で解釈すれば，農民の結集と労働者運動の間の「有機的連帯」についてのデヴィッド・ハーヴェイの探求を想起させる（D. Harvey 2005, p.23）。私の見解では，この有機的連帯とは，

5）従前に提起した農業問題に関する論考を参照されたい（McMichael 1997）。

ラ・ビア・カンペシーナが加速化されている食料循環と，農民であれ
　　元農民であれ人々の排除と循環（流動化）とを結びつけて問題化してい
　　ることの中に暗黙に示されていることである。すなわち，企業フードレ
　　ジームは，まさにグローバルに使い捨て可能な賃金労働力を再生産する
　　ことによって，賃労働の方途と社会的賃金を決定づけているのである
　　（McMichael 2009a, p.307）。

　言い換えれば，プロレタリアの状態は農民階級の運命と密接に関わってい
る。これはおそらく21世紀の資本主義の特徴であり，このことゆえに，食料
主権運動が（もろもろの連合や同盟の出現をつうじて）歴史を大きく動かす
力になってるのである。こうした階級横断的，領域を超越した関係が，フー
ドレジーム分析の妥当性と重要性を浮き彫りにし，階級の，場合によっては
形成，また別の場合によっては変形の，政治力学の実質的で歴史化された説
明を再構築する際の方法論的価値も明瞭にするのである。

歴史的特定化

　バーンスタインは，「企業フードレジーム」の概念がはっきりした「政治
的性格」をもっていることで，それが分析を阻害しているとしている。この
点に関して，私にとっては政治的分析が用語として矛盾しているとは理解し
がたい。概念自体が生産関係および政治的妥協，争点の形態の変容を受けて
進化し変化するのであるから，まさに現状分析が必須となる[7]。その上，生

6）現在目にするのは，グリーン転換を大義名分に，利潤を追求する工業的農業
　による「フレックス作物」の導入である（Borras et al. 2012）。これは，一面
　では「企業・環境レジーム」（Friedmann 2005）を見越しながら，スーパー
　マーケット向けに健康食品を生産しつつ，（富裕層の）消費者の金を巻き上げ
　ようとしている食品企業にまで及んでいる。最近の研究によれば，「消費者は
　包装食品の存在理由に疑問を投げかけるようになっており，店舗の生鮮品コー
　ナーで時間を使うようになっている。生鮮品の売上高は2009年以降，30%近く
　の伸長がみられる。……店舗の中心部は見通しが暗く，業界関係者はその空
　間を霊安室と呼び始めている」（Taparia and Koch 2015, p.4）。

きたカテゴリーそのものに埋め込まれた認識論的な仮定を取り扱う限り，分析は規範的なものである。従って，抵抗運動はフードレジームを政治問題にするのであるが，それはフードレジームの支持者の言説（とくに「食料安全保障」が「自由市場」を必要とするといった）を変性させることによってである。このような手法は，世界が直面する重大な不安定性——環境（エコシステムの劣化，気候変動）と社会（労働の非正規化，移民，過剰な都市化）の両面——に対して政治的意義を有している。

　ポピュリスト（空想主義的な）は，食料主権運動に関わる農民の目的は単に彼らの生活様式を防衛しようとしているに過ぎないと唱えるであろう[8]。「労働の農業問題」（Bernstein 2003）という考えに従うなら，近年農耕世帯の暮らしとコミュニティに対する政治的に操られた解体圧力を前提とする下で現時点の生活様式を推奨することは問題ばらみということになる。まさに，フードレジームの開発主義による世界中で見られる農民・家族による農耕の衰退に直面しているからこそ，食料主権運動はいまだ世界の人口構成の相当数を占める小規模生産者に対する世界規模の激しい攻撃に関心を向けさせる

p.653

7）これは論争のキーとなる論点と思われる。「第3次」フードレジームは現代であり，かつ，従前の2つのフードレジームとは異なって，様式化した性格付けが困難であるからである（Friedmann and McMichael 1989）。そのために，政治・経済情勢の変化を把握することが不可欠となる。WTO体制の盛衰，金融資本の勃興，バイオ燃料，ランド・グラビング，2007～08年の食料価格高騰と食料騒乱，南南関係と多極化，開発機関や国連食料農業機関（FAO）の制度改革，食料主権運動の成熟と柔軟化などをつうじて展開している様々な転形を分析してきた。以下の著作において，これらに言及している（McMichael 2005, 2008, 2009a, 2009b, 2009c, 2010a, 2012a, 2013a, 2013b, 2013c, 2014a, 2014b, 2015b; Patel and McMichael 2009）。これらを再掲したのは，進行中の分析フードレジームの矛盾を浮き彫りにするためである。

8）すべての「農民」が自分達の生活様式を守る（ために結集する）わけではない。というのは，さまざまな「浸食による蓄積」プロセスがあるがゆえに（Patnaik 2008），彼らはカカオやパーム油といった輸出作物，あるいは森林カーボンクレジットのような他の収入源を必要とするので，それを守ることはできない，あるいは守ることが適切ではなくなっているからである（例えば，Li 2015; Rist, Feintrenie and Levang 2010; Osborne 2011を参照されたい）。

べく登場してきたのである。そしてこうした剥奪と差別に直面している小規模生産者だけが食料主権運動の支持者なわけではなく，彼らに対する攻撃が，収奪，労働の非正規化，労働力循環（市民権を持たない人々を含む）等々の過程をつうじた他の様々な剥奪（Araghi 2000; McMichael 1999；Standing 2011）にも寄与していることは，間違いない。

　世界の安定と持続可能性を考えるにあたり，「農村の空洞化」を強力に促進するプロセスは重大な矛盾である。食料主権運動がなければ，こうした激変はほとんど覆い隠されたままであろう。ただ，以下に示すように，それは単なる状況把握に関するものではなく，ビジョンに関するものであり，たとえば「農民」が連想させる従来の意味合いも考え直さなければならない。J・D・ファン・デア・プルフは，この農民カテゴリー（そのチャヤノフ主義バージョン）を援用して，今日の小規模生産者が世帯内および自分達のネットワーク内で直面する歴史的な不均衡にどう対峙しようとしているかを示している。そして生産者が商業的生産資材を「エコロジカル・キャピタル」によって代替することによって「再農民化」するという歴史的過程を詳述している（Jan Douwe Van Der Ploeg 2013）。ただし，この農民カテゴリーは，批判的な歴史感覚，つまり特定の時間と場所における結集の産物を体現するものにはなっていない。それ故に，フードレジーム分析では，歴史的方法を介してこの現象を把握するのである。

　したがって，「企業フードレジーム」という称号は，単純な資本と農民という二元的な関係を前提としていない。フードレジームの矛盾とは，「資本」と「農民」が決して所与のカテゴリーになってなどいない，一連の複雑な諸規定の産物なのである。非常に歴史的であり，現在進行中の実践を反映しているのである。「出所不明食料」という概念には，農業の工業化，農業の輸出産業化，加工原材料の世界的調達の過程が包含されており，今では「持続可能な集約化」の意味合いもある。「出所判明食料」という概念には，市民の管理，アグロエコロジー，農業者間の知識，種子および労働の交換，都市の食料支援評議会の発展，フードシステムや景観農耕などにおけるローカル

なエネルギー節約実践などを表現している[9]。

　「出所不明食料」と「出所判明食料」を併置することによって，食料主権運動が現代のフードレジームにおける新自由主義的農業・食料関係の構図への全般的批判が明確になっている。この抵抗運動は，私的レジームの限界を露呈させ，フードシステムの公的管理（それには異なる場所で異なる理解がある）という言説を再浮上させ，現場レベルでの健全な社会的でエコロジカルな実践を可能にし，促進しているのである[10]。つまり，食料主権とは「農民のユートピアを回復することではなく，むしろ，社会の農業的基盤に対する新自由主義的攻撃がもたらす壊滅的な社会的かつエコロジカルな影響への抵抗を意味しているのである。農村部における，また農村の内部および農村部全体の結集が事の発端と言えるが，その含意は相当広いのである。」（McMichael 2014a, p.348）

p.654 **認識論的次元**

　食料主権へのグローバルな結集を通じて農民の声を広げようとすることは，「利害政治」を超えたものである[11]。その認識論的含意は，農民的農耕こそ

9）これらは，地域毎の開発事情に則して対抗ナラティブが構築される程度にまで具体的になっている関係プロセスである（例えば，Lohmann 2003; Patel 2006; McMichael 2010b）。De Schutter and Gliessman（2015）も参照のこと。

10）別の箇所で指摘したように，「いかなる人々とコミュニティにおいても，より高度な自律と独立という目標に向けた社会的およびエコロジカルな実験が考案されている。こうした自己を組織化するコミュニティや地域が，資源・エネルギー問題が顕在化する下での市民生活を安定化させること，それによって国家を内部から転形させること，および価値という言葉を価格から社会とエコロジーの相互依存関係へとシフトすることといった，国内で作られた富をサポートするように政府に対するより強い圧力を行使するようになることも，不可能ではない。これは有機的なプロセスであり，確かに容易ではないし，無制限にできるものでもないが，それにもかかわらず食料主権運動は実際に起きている（McMichael 2015a p.8）。この点に関して，M・J・ロビンスは，食料主権の「ローカル化」というナラティブを慎重にとりあげている（Martha Jane Robbins 2015; Akram-Lodhi 2015も参照）。

がフードレジームの矛盾に対する解決策であるという考えを超越したものである。それはむしろ，われわれが世界をどう解釈するかについての感性の土台といえる。かくして，『フードレジームと農業問題』の最後の章は，伝統的な価値理論を超えて，小規模かつ多様な農耕システムに具現化された社会的・エコロジー的な関係の価値から何を学び（そして拡大し）得るかを述べたのである。それは価値理論がどのように理解され適用されてきたのかについての批判であり[12]，したがって，なぜ農民が世界史的な主題になり得ることに考えが及ばないのかということへの批判なのである。それは私たちが価値理論を放棄すべきだということではなく，むしろ，資本の政治史に注意を払いつつ，それを方法論的に用いるべきなのであって，それがフードレジーム分析の可能性なのである。

　私の見解では，食料主権運動の起源は，新自由主義体制下における世界規模の食料の商品化への脱崇拝化にある。農民諸組織は価値関係の暴力にさらされ続けることに飽き，新自由主義的な「食料安全保障」に対抗するものとして，「食料主権」をという強力かつ本質的な用語を対置したのである。この意味で，食料主権運動は，単に農民とか食料を問題にしているのではなく，むしろ，国家システムの非民主的構造，それによる社会的およびエコロジー的な不安定性，政治的・経済的・栄養的な困窮化という諸結果を問題にしているのである（Patel 2006, 2007；Desmarais 2015；Trujillo 2015）。

　フードレジーム分析によって，農民がそもそも，なぜこの時に，どのように結集することになったのか，そしてその帰結はどうかについての理解が可能となる。フードレジームのレンズを通して資本の政治史を分析することによって，農民の結集が新自由主義体制に対する全般的な批判を体現していることを認識できる。それは工業的フードレジーム（the industrial food

---

11）これに対して「農民利害」とは何か？と批判する者がいるかも知れない。しかし問題はむしろ，土地（および水）がどのように利用されるかであって，それは，明確に定義されたものではなく，プロセスおよび関係性である（Hart et al. 2015を参照）。

12）この批判の拡張版については，McMichael（2012b）を参照のこと。

regime）における生産と循環の双方の諸関係に対する批判を結びつけている。すなわち，小規模生産者の存在が資本蓄積の障害物となっているアグリビジネスと投資家達に特権を付与するように制度化された貿易・投資体制を実現している労働条件および地政学的条件を問題にしているのである。加えて食料主権運動は，「自由貿易」とそれによる「食料安全保障」という主張を政治問題化し，「食料安全保障」を要求し，公的機関から助成を受けた低投入・再生型農耕システムの支援を含む国際関係の再構築を唱えるのである[13]。

　農民運動そのものは，とくに「食料主権」の概念と実践を独り占めしようなどとは考えていない。欧州のビア・カンペシーナの活動家ポール・ニコルソンによれば，「これは自立的かつ独立した過程でもあり，中央委員会のようなものはないし，食料主権は特定組織の世襲物でもない。それはラ・ビア・カンペシーナのプロジェクトでも，さらに単なる農民のプロジェクトでもない」のである（P・Nicholson 2009, pp.678-680）。A・G・トゥルジロ（Andrés Garcia Trujillo）の指摘するところでは，草の根運動と密接にかかわるグローバル食料主権運動は，社会の複数の領域にまでおよぶ交流を促p.655 進する非常に高い正当性と信頼性さらには都市と農村の双方における階級形成力学を結合する能力をも，付与しているのである（A・G・Trujillo 2015, p.186）[14]。

---

13) これらの政治・経済，政治・エコロジカル分野の問題は，ジェンダー不均衡やアグロエコロジー学校の普及と参加型学習をめぐる内部の葛藤によって強まっているし，また市民社会そのものとFAOの世界食料安全保障委員会のなかに新たに設立された「市民社会メカニズム」（Civil Society Mechanism）との間で起こる代表性の問題もまたそうである。（Trujillo 2015; Rosset and Martinez-Torres 2012; McKeon 2015）。
14) 世界食料安全保障委員会における活動の代表者との協同による私自身の研究では，各々の地域における構成市民の信頼の維持（そしてそれを誠実に代表すること）に向けた尽力は非常に明白であり，国際食料主権計画委員会（IPC）の取組みは，他の社会運動に典型的にみられる官僚的スタイルとは一線を画している（Trujillo 2015参照）。

フードレジームの特質

　バーンスタインの問いは「企業フードレジームは今日の世界における矛盾のもっとも重要な領域であるのか」（Bernstein 2016, p.638（JPS43（3）＝本特集頁の公刊頁）ということである。私の答えは，そうであるともいえるが，彼が組み立てるやり方とは異なっているのである。むしろ，私にとっての問題は，食料とその生産手段を，社会的な食料供給と土地・水路，栄養サイクル，そして生物多様性一般の修復ではなく，（「世界を養う」との主張の下での空間領域的および技術的フロンティアを拡張しながら）利潤追求に従属させ続けているというグローバル政治経済の下で，環境的および社会的に危険に晒されているのは何か，なのである。近年，「開発のための農業科学技術の国際評価報告書」（IAASTD）（2008）を筆頭に，工業的農業による環境破壊を扱う報告書が出ている。国連（UN）ミレニアム生態系アセスメント（報告書）は以下のように指摘している。

　　21世紀に入っても，農業の拡大は生物多様性喪失の主要な推進力のひとつであり続けるだろう……。
　　過去半世紀の間に，人類は，食料，淡水，木材，繊維，燃料の急速な需要増加に対応するために，人類史上のどの期間よりも急速かつ広範囲にエコシステムを変化させてきた。その結果，地球上の生物多様性の相当かつ不可逆的な喪失が引き起こされ……これらの問題に対処しない限り，将来の世代がエコシステムから得る便益の大幅な減少は避けがたい（Millennium Ecosystem Assessment 2005, 22, p.1）。

　もちろんその他の闘い（市民権，労働権，反貧困，移民の権利，性や生殖に関する権利，都市に出る権利，公民権，気候正義）も進行中であることは言をまたない。上述のように，これらは土地の権利をめぐる闘いと無関係ではない。他方，これはフードレジームに関わるものであり，グローバルな

フードシステムの政治生態学と政治経済学をめぐる闘いが基底にあることが想定されてしかるべきである。しかし，これは単純なテーゼかアンチテーゼかといった問題ではない。フードレジームの農業問題の諸矛盾は農民の結集によって明るみになると思われる一方，矛盾自体は根本的には「農民」の闘い以上のものである。視点を拡げて，私は以下のように主張した。

　　　　フードレジームの概念は，資本主義的な食料をめぐる諸関係のもとでの構造化された契機や転換の枠に留まらず，資本主義自体の歴史を把握する鍵となる。フードレジームは食料自体に関する概念ではなく，食料がそこで生産される関係，ひいてはそれをつうじて資本主義が生成され再生成される関係に関する概念なのである。そうしたものとしてのフードレジームは，食料商品に具体化された多様な諸規定に関する分析視角といえる（McMichael 2009b, p.281）。

　食料商品分野における多様な諸規定とは，第一に，国内の食料政策と食料確保を犠牲にした食料貿易の政治的管理体制，資本のための生産諸資源と市場パワーの横奪，およびエコロジカルな公衆衛生に影響を及ぼす「スーパーマーケット化」プロセスへの農業者と消費者の従属を意味するのである（Lang and Heasman 2004; McMichael and Friedmann 2007）。その意味で，

p.656　食料主権は新自由主義的「食料安全保障」の主張における商品崇拝批判も内包し，そしてそれは民間部門ではなく公的機関による食料関係の再構築を提唱することにつながるのである。おそらく，食料主権運動の中核にいる農民は，グローバルに制度化された市場による食料の商品化に具体化された重要な諸規定を特定しつつ，マルクスの政治経済学の方法を運用している。「農民」がこれらを明確にすることができると誰が思ったか――おそらく，古典的な農業問題の支持者ではないのは確かであるが。現時点では，農民の声はフードレジームが社会とエコロジーを奥深く不安定化させていることの兆候なのである[15]。

別の個所で述べたように，フードレジーム分析は，もともと様式化の度合いが高い（地政学における世界的な農業食料諸関係の役割を強調する機能を当初から持ち込んだ）。当初の定式化がそれぞれのフードレジームを特定の緊張状態の中心軸にすえたのである。イギリス中心のフードレジーム期には植民地支配による植民地主義と形成初期の国民国家システムの緊張関係（前者の植民地熱帯作物輸出が後者の入植新大陸諸国の温帯作物輸出によって衰退させられたことに表現された），アメリカ中心のフードレジーム期（開発至上主義時代）における国民経済と超国民経済の緊張（食料援助計画，グローバル食料複合体，緑の革命が象徴する）である。フードレジーム分析は様式化を超えて，各レジーム期における階級の動態についても強調したのであって（Friedmann 2005）——19世紀の欧州における労働階級の激しい運動が，不安に駆られた支配階級による海外の穀物生産地域の植民地化を推進したこと（McMichael 2013a, p.27-31），戦後の第三世界における都市部と農村部の階級関係の変容が，食料援助計画と緑の革命技術の強要を冷戦期における階級政治の主要関心に至らしめたとしたのである（McMichael2013a, pp.34-38）。最初の２つのフードレジームにおける食料供給編制は，賃金・食料の低価格化によって労働者（および社会主義者）の不満を抑制しようとする明確な試みであった。食料主権運動によって，現代の企業フードレジームが一つの階級的プロジェクトであることが明確化された。すなわち，それは，小規模生産者を収奪し，労働力を非正規化し再生産できない条件におとしめ（McMichael 1999, 2009b; Araghi 2003），また女性の社会的再生産労働を強化するという明らかなジェンダー効果をもたらしながら（Razavi 2009），安価な賃金−食料を普遍化するものなのだということを。『フードレジームと農業問題』では，以下のように指摘した。

---

15) もちろん，それはフードレジームあるいはその「周縁」で，有意義な取り組みが存在しないというわけではない——これもまた食料主権運動によって認識が可能となった欠点を示す兆候である（Levidow 2015参照）。

　グローバルな市場統合がもたらしたのは，剥奪の輸出という邪悪な結果だった。すなわち「自由」市場は，収奪された人々を締め出すか飢えさせるのであって，それは植民地化された地域の人々をして目に見えない人種問題化された過少消費へとおとしいれ，それが都市の巨大化と過剰消費の前提条件になっているである（McMichael 2013a, p.57）。

　私の見方からすれば現代のフードレジームには，レジームの再編過程における同時並行的な様式化（資本・商品の国境を越えた移動と食料主権抵抗運動の間の中心的な緊張関係）が存在している（McMichael 2013aに詳述）[16]。その再編には，地政学的な関係の再構築が含まれる——たとえば，ブラジルの農産物輸出の台頭，中国の穀物輸入複合体が調達する南米大豆共和国の拡大，東アジア地域および中東地域における「農業安全保障重商主義」を行使する国営企業および政府系投資ファンドを含めたランド・グラビングへの金融的投資，食品企業や外食チェーン集合体の金融資本による再構築，栄養至上主義化，バイオエコノミーの拡大，種子と農薬会社の合併，遺伝子操作による生産の基盤構築である。もちろん，主権をめぐっては，市民運動の高まりを通じたインドの国家食料安全保障計画対WTO闘争（Andrée et al. 2014参照）から，小規模生産者の政治闘争における人権的次元の強まり（Claeys 2015参照）まで，様々な闘争が現在進行中である。実際には，中心的な緊張関係は変わらないものの，フードレジームの内実と輪郭は流動的である——したがって，ラ・ビア・カンペシーナが2000年には「世界中の食料をめぐる巨大な運動が，さらに多くの人々の運動を促している」と言明したが，これはいまでは「世界中の貨幣をめぐる巨大な運動が，さらに多くの人々の運動を促している」と言い換えることが可能だろう。なぜなら，人々は一連のランドグラブ・プロジェクトによって追い出されたり，再定住させられたりし

p.657

16）L・レヴィドウは，この様式化された緊張関係を欧州にうまく適用し，「ナラティブに論争を挑むことで農業食料の転換にとっての異なる軌道を正当化することになる」としている（Les Levidow 2015, p.76）。

ているからである（McMichael 2015, p.3）。

　フードレジームの構造的政治諸力と経済諸関係は流動的ではあるものの，民間部門の影響力の増大によって「企業支配」レジームであることにかわりはない。たとえば，2007年以降の「小規模生産者」に関するナラティブは一変してきた——それはいったんは不必要と見なされたものの，世界銀行の『世界開発報告』（2008年）では農村開発の拠り所と理解され，，現在はバリューチェーンに編入されるものとされている（van der Ploeg 2009, McMichael 2013b）。世界食料安全保障委員会において疑念が表明されているものの（McKeon 2015a），農民を開発の対象から主体に転換するというこのような戦略は[17]，債務を負った生産者をバリューチェーンに編入し[18]，農民の結集を挫くことで，資本にとっては新たなフロンティアと拓くことになるのである。

　フードレジームにおける民間の主導性は，以前にも増してますます自明になりつつある。T・ワイズは「金融投機家は，食料品を，石油やその他エネルギー製品が支配的な構成要素となっているコモディティ・インデックスファンドの中に埋め込まれた，単なるもう一種類の金融資産として自由勝手に扱い続けている」という事実（Timothy Wise 2015, p.10）を強調し，かつては官民寄贈信託基金だったグローバル農業食料安全保障計画の民間セクター利害への引き渡し，モデル的な官民パートナーシップだった食料安全保障と栄養のための新同盟の，受け入れ国規制の民営化のためのメカニズムへの転換について，詳述している（Timothy Wise 2015, pp.12-13）。他方，大西洋横断貿易投資パートナーシップ（TTIP）がもくろんでいるのは，食品

---

17) 当時，私は世銀の報告書について，「目標を金融領域の拡大および統計的な発展に置くならば，貧困世帯の資産を増やし，小規模生産者をより生産的にし，農村部の農業以外の経済への依存を拡大することは論理的にはよいだろう」とコメントした（McMichael 2009c, p.236）。
18) 反対に，プルフは，農耕（エコロジカルな）を川上の商業的投入材から切り離すことによって負債関係を解消した「新しい農民階級」の存在を実証的に明らかにしている（Ploeg 2009）。

関連の化学物質（農薬，包装および添加物），ナノテクノロジーおよび遺伝子組み換え生物（GMO）に関するEUの予防原則の緩和，ならびに「貿易に対する地域的障壁」と称される住民参加型の食の民主化運動を損なう可能性をともなう，政府調達の規制である（Hansen-Kuhn and Suppan 2013）。中国の世界的な影響力拡大の阻止をもくろむ地域的な「自由貿易」協定である環太平洋パートナーシップ協定（TPP）は（WTOの麻痺の結果として）農業分野における規制の自由化圧力を強め，国内の食料安全保障を目ざした取り組みに歯止めをかけてしまう。アメリカ主導のTPPは，残存する市場保護政策を解体することを目的とした秘密裏に企業利益を重視するイニシアティブであり，「消費者や農業者よりも投資家の意向の優先，ならびにフードシステムの再編に資する施策の立案・遂行能力を有する政府への強力な規制にまで及ぶ」のである（Hansen-Kuhn, Muller, Kinezuka, Kerssen 2013, p.3より引用）。

　こうした展開は企業セクターの主体的な役割を明白に示しており，だからこそ私は「新自由主義」フードレジームよりも「企業」フードレジームという呼称を選好するのである（Otero 2014参照）。もちろん，両方とも意味があるのだが，市場における国家の役割を重視する「新自由主義」という形容詞を選好する人々は，市場が国家へ奉仕するという事態（たとえば第2次フードレジーム）から，今日の国家が企業が支配する市場に奉仕する関係への移行の認識をおろそかにする可能性がある[19]。価値諸関係こそが，現在，私が「企業」規定を支配的な組織原則として用いたいとするまでに，公的な政策に決定的な影響を及ぼすにいたっている。もちろん，フードシステムにおける企業の戦略的再編成については多くの分析が待たれるものの（たとえ

p.658

19）したがって，企業フードレジームは「安定した覇権的な国際通貨への代替物としての，強制的な構造調整と自由貿易協定をつうじた民営化に国家を従属させるという，新自由主義的市場原理の内部化を軸にしている」（McMichael 2013a, p.15）。

81

ば，Baines 2015を参照），私の関心はあくまでも制度的，認識論的な問題に
置かれている。

フードレジームの政治力学

　私は，超国籍的経済とローカルな経済[20]の緊張関係は，現在のフードレ
ジームの政治力学の中心問題だと捉えている。この緊張は草の根レベルの
「土地主権」問題をめぐって結集している農民運動に象徴的に表れている
（たとえば，Journal of Peasant Studies, 42 (3 & 4), 2015, Borras and
Franco 2012参照）。また，FAOの世界食料安全保障委員会などの国連フォー
ラムにも表れている（Claeys 2015, Duncan 2015）。国連の食料への権利・
前報告者であるオリヴィエ・ド・シュッターは，各国国内の食料安全保障の
問題，および発展途上国の約5億人の小規模農業者は世界の農業者の大半を
占めているだけでなく，その家族も含めれば20億人の幸福にとって重大な意
味を持つことへ，国連における言説をシフトさせる上で主導的な役割を果た
した（De Schutter 2011, p.13）。
　そうした勧告は，ただ単に農民的農耕を支持しているのにとどまらない。
というのはそれはまた，国家間システムの構造を改革すること，国家自体を
再編すること，そしてより信頼度が高く，より公平である可能性を持つ食料
供給のあり方に代替していくことへの言及抜きに語られる公共利益とは何を
意味するか，に重大な関心をよせているからである。2007〜08年の食料価
格危機は，この再定式化に正当性を与えるものであった。輸出禁止が生んだ
価格高騰は，自由貿易レジームに基づく食料供給の主張に対して食料主権運
動の批判を強固なものにし，現在ではランド・グラブ型「食料安全保障」が
世界中の食料生産コミュニティへの脅威を高めている（McMichael 2013b）。
まさにこの正当性の危機が，FAOの世界食料安全保障委員会にして，「市民
社会メカニズム」において市民社会の要望を反映させることにつながったの

20）これにはフェアトレード型の食品とそれに寄与するサプライチェーンが含ま
　　れる（Friedmann and McNair 2008を参照）。

である（McKeon 2015a）。

　バーンスタインは,「『企業的アグリビジネス』（金融資本も含む）も, 本質的に農民階級（あるいは農民性）（peasantness）と同様の意味で,『政治的』なカテゴリーであるのか」（Bernstein 2016, p.31）という疑問を呈しているが, それは誘導尋問的であり, 私の主張を誤解するものである。彼がこの疑問に答えて示唆するのは,「農民性」とは政治的カテゴリーだと彼が性格付けているのと同じ意味で, 資本が政治的カテゴリーな訳ではないのだとすると,「マクマイケルの主張する第3フードレジームの二項構造に奇妙でいびつな性格を付与してしまう」ということにある（Bernstein 2016, p.31）。この点を明確にするために, 二つの問題を提示しよう。

　第1に, 企業フードレジームは資本対その他という構図ではない。というのは食料主権運動は, 資本諸関係による諸条件を拒絶するものであるとはいえ, まさしく資本諸関係そのものの内部で形成されてきたからである（たとえば, Beverly 2004参照）, 事実, 食料主権運動は当然のこととして, フードレジームをあからさまに政治問題化する。「主権」は, 各国ごとの農業食料政策と食料安全保障を脅かすWTOスタイルの自由化に対する強力な批判と, 社会における生産者としての小規模生産者（農民, 農業者, 漁業者, 放牧農業者, 森林住民, 農場労働者）の自己決定要求を結合するのである。小規模生産者の自己決定を政治問題化することは, 従来の近代主義的な言説において侮蔑的な呼称として「農民」を用いることによって正当化されてきた, 小規模生産者の物質的および認識論的周縁化を白日の下にさらす（Schneider 2015参照）。こうした農民侮蔑的な考え方が彼らを不可視するのを通例化しているがゆえに, 食料主権運動が近代主義的思考に対する挑戦として「農民」という用語を著しく強調する理由にもなっているのである[21]。これに関してプルフは以下の点を強調している。

p.659

　　　農耕の農民的な方法においては, 理論的に説明つかないやり方も多い。これは特に発展途上国の場合に当てはまる。したがって途上国の農民は

83

真っ当に理解されず，ひいては通常，存在しないとか，あるいは存在していても，せいぜい例外的な存在であるという結論に導きられがちである（Ploeg 2009, p.19）。

　そしてプルフの研究における「再農民化」（自然との共同生産をつうじた「資源基盤の自己管理」を選択する小規模生産者の現代的な実践）（Ploeg 2009, p.23）は，自己反省的な近代性（債務関係から解放された農業者）を強調し，資本の運動のもとでの運動を刺激する今日の世界中の小規模生産者の政治的結集を鼓舞している。

　第2に，いわゆる「農民運動」は，フードレジームの前提，構造と帰結を政治問題化することで，将来（人間性や非人間の自然）を保護することに適合した幅広い政治的プログラムの訴求に向けて自らを凌駕する。もちろん，このことは二元的ではなく，また主要な焦点でもない。食料主権運動は，単なる「農民的農耕」以上に包括的で普遍的なアピールポイントを有している。「カナリアとしての農民」という比喩は，土壌や水路にもっとも近い人々こそエコシステムの劣化をもっとも深刻に経験していることを示唆している（McMichael 2008）。こうして，農民の結集は世界に警告を発する責任を負う役割を担ったのである[22]。特別の科学者以外に，誰がそれを担うことができ，担おうとするのか。社会的労働者としてのプロレタリアは，民主的な生産組織の推進者にはなり得るかもしれないが，エコロジーの原理とは結び

---

21) したがって，カナダ農業者連合の元代表であるK・ペダーソン（Karen Pederson）は，次のように述べた。「歴史的には私たちは農民であったが，農民が『遅れた存在』（backward）を意味するようになった時，われわれは『農業者』となった。今日，『農業者』は非効率性を含意するようになり，私たちはさらなる近代化および起業家としての自覚，起業家精神をもつように促されている。私は農民という表現を取り戻したい。なぜなら，それは私たちが構築しようとしている農業と農村コミュニティのあり方を表しているからである」（McKeon 2015b, pp.241-42）。

22) これはハンナ・ウィットマン（Hannah Wittman 2009）が提示した「農業的市民」と相通ずるものがある。

つきにくい（自身の意思と関連する範囲での環境正義に関する闘い以外を除いては）。

　食料主権運動とフードレジームの関係を分析すれば，次の2つの関連しあう主張が導かれる。(1) 政府も一体となった企業と金融資本による自分の農民経済に対する猛烈な攻撃および土地や共有財産の囲い込みにさらされている世界中の小規模生産者[23]の権利と能力を保護・強化する緊急の必要性があること，(2) 抵抗運動は，世界的な食料安全保障と地球温暖化抑制[25]のためにも農耕景観[24]の修復に関わる長期的ビジョンを代表していること。工業化と都市化が「デカップル」されることで（Davis 2006）都市化が制御不能となっており[26]，エコシステムの修復が長期的な優先事項となっている。後者は「農民」だけの責任ではないが，抵抗運動はエコシステムの問題を国内的・国際的な議論の俎上に乗せるために主導的な役割を果たしてきた。ジュリアン・クリップは次のように主張している。

p.660

　　フードチェーンの工業化が規制も是正もなしにその論理的に考えられる行き着くところまで進行すれば，世界の18億戸の農家世帯（5人に1

---

23) 世界の食料生産の最大70%を担っているのは誰か（ETC 2009）。これこそ食料不安を軽減する鍵である。

24) 景観農耕（landscape farming）は多くの生産者組織による実践に基づく（Hart, McMichael, Milder, およびScherr 2015）。

25) この点，バーンスタインはウェブサイト「agit-prop」での私の考えを無視したが，私は食料主権に関する国際計画委員会の加盟機関の場合，「フードレジーム」に関わるイニシアティブと闘争を対象とした批判と考証に則した実質的な経験，熟慮，および草の根組織から生み出されてきた精製物であると認識している。それは部分的には「証拠」であり，またそれは進行中の事態を捉え直し，何が懸念事項なのかを想起するための政治的介入なのである。こうしたことは，資本には実行できない。

26) 2000年から2010年の間に，中国は100万以上の村落を失った。これは1日当たり300近くであった。2030年までに，さらに3億人以上の農民が「都市化」され，10億人が「幽霊都市」と呼ばれる都市部の住民になる（Shepard 2015, p.7, p.24, p.27）。

人の人間）のうち15億戸が消滅の運命をたどるであろう。このような規模の結末は，誰も考慮だにしたことのない所業であろう（Julian Cribb 2012）。

　この点，「農業者のいない農業」（ビア・カンペシーナのコンセプト）を取り上げることは有益である。それは「場」（特定のエコシステム）から切り離された商業的投入財によって成立しており，したがってヴァイスが「生物物理学的蹂躙」と呼ぶものを不可欠とするところの，工業的農業を特徴づけているだけではない。また，「多用途作物」（flex crop）現象（Borras et al. 2012）とも呼ばれた事象，すなわち市場や商品取引所の状況に応じて作物を食用，飼料あるいは燃料に振り替えることは，あらゆる作物を最大の交換価値へ転換することを通じて，商品生産農業の物神崇拝を強化するものである（McMichael 2012a, p.686）。こうした傾向は金融化（金融資本，年金基金，エネルギー会社などによる土地取得）によっていっそうの強まりをみせ，食料安全保障とエコシステムの持続可能性に深刻な悪影響を与えている。

　したがって，これはバーンスタインが示唆するようなアグリビジネスによる「悪行」についてではなく，社会的な食料供給と多面的機能から農業を排除することを問題視しているのである。私の意図を示せば，次の通りである。すなわち，振る舞いを「『論証』するためにアグリビジネスの悪行」（Bernstein 2016, p.28）を考証することではなく，土地（と水）を金融資産として独占すること，およびますます所得不均衡が拡大する世界における富裕な消費者需要に合わせるべくバイオ経済−遺伝子組み換え−食肉化複合体を拡張する場として農業を再構成することに対する，抵抗運動の懸念を反映するという意図である（Fairbairn 2014；Weis 2007 2013；Abergel 2011）。

　将来については，世界は地球の生物的キャパシティを「凌駕」し，地球規模での境界（気候変動，生物多様性，窒素循環）に到達し，水資源問題や海洋酸性化など深刻な局面に置かれている。未来を管理することは，今や明確な優先事項である。しかし，それがどのように行われるべきかが問題である。

私の見解では，食料主権運動はこの問いに答える重要な鍵となる。それが万能な回答を持ち合わせていないのはもちろんだが，商品化が進むフードシステムをめぐって構築された国際的なレジームが持続困難であり差別的側面をもっていることを主張することで問題自体に実質的な内容を与えてきた。農業者の知識と食料（を生産すること）の権利を重視することは，現在主流の工業的システムの重要な代替手段となり，ひいては国際機関，国家，市民権，食料供給のあり方の変革に繋がるのである。低投入型農業はエコシステムの回復に有効であり，また，適切に評価され，支援されるならば，低投入型農業は必要かつ有効な手段として，最近では科学的コンセンサスが得られつつある（Badgley et.al. 2007；Pretty and Hine 2001；Pretty, Morison et.al. 2003；Pretty, Noble et.al. 2006）。その間に「慣行農法」農業者においても，有機的またはエコロジカル農法が進んで導入されつつあることは驚くべきことではない（Levidow 2015参照）。この点は，H・フリードマンの提唱する「企業・環境フードレジーム」の一部である（H. Friedmann 2005）。

フードレジーム分析の方法

　A・マグナンの見解では，

　　フードレジーム分析は，構造化された歴史的ナラティブを提示するものであり，……常に再解釈の対象である……（その場合）歴史的諸部分が比較のための土台を形成するのだが，それら諸部分がまた歴史的に変わる全体（フードレジーム）としてこそ構築されると理解されるのである。そこから，フードレジーム分析は，全体的な歴史的進化に関するレンズとして，安定と変化の連続した諸時代を検討するものであり，異質

p.661

---

27) これは「統合比較」の方法であり，近代をつらぬく周期的なサイクルの継起として，あるいは支配的な力関係の配置を表現する安定的な結合としての，フードレジーム全体がもつ複雑さを理解するために，空間的および時間的に分離された諸過程を，関係性の中へと統一する方法である（McMichael 1990参照）。

性と状況依存性が分析の際に優先されるのである（A. Magnan 2012, p.375）[27]。

「統合比較」の方法の要は，長期的な趨勢を循環的動向と組み合わせつつ「世界秩序」の変遷過程および基底の構造に関する分析を利用する点にある（McMichael 1990; Arrighi 2010〔1994〕も参照）。各危機を分析する際には，その内的緊張関係の特定，位置づけ，および歴史的には，周辺領域と顕著な事象の間の脈絡を認識する必要がある。

　まさにフードレジーム分析とは，変遷過程および基底の構造に関するものであって，それは，私の主張するところでは，

　　　資本主義と同様に，フードレジームもさまざま歴史的形態をとる。実
　　際，資本の再生産が労働力の（経済的）再生産に不可欠の食料品供給に
　　依存している限り，資本主義そのものがフードレジームだと言えるので
　　ある（McMichael 2013a, p.21）。

かくして過去1世紀半にわたって，資本のフードレジームは周期的な転形を経て進化した。

　　　したがってフードレジームにおけるあれこれの出来事が，（工業的農
　　業時代という）歴史的危急事態の展開の継起的な一部をなしている。言
　　い換えれば，特定のレジームとその幅広い危機には，分離不能な関連が
　　ある。各フードレジームは，その時点における国際的な農業食料諸関係
　　を構築している政治的および社会エコロジカル的な諸力の制度化を体現し
　　ているのであり，それら諸力が同時に農業食料の商品諸関係のいっそう
　　の深化を予兆するのである（McMichael 2013a, p.21）。

いわゆる「フードレジーム・プロジェクト」は，フードレジームの勃興と

凋落における歴史的な状況依存性を特定する点で貢献しており，それぞれの
フードレジームを特定することはプロジェクトの一部に過ぎないのである。
先に述べた通り，「フードレジーム」という名称そのものに実態を求めよう
とすることがポイントなのではない。フードレジームは，資本の政治史にお
ける広範な関係を映し出す鏡なのである。それが同時に，地政学的秩序の形
態，蓄積の形態を表しており，諸力のベクトルである（McMichael 2005,
p.276）。別の観点では，分析的カテゴリーが時間と空間を超えて異なる意味
を付与するという認識が重要となる。その上で，現在進行形の趨勢をどう把
握するかがポイントとなる。長期的な趨勢が各循環に歴史的特徴を与えるの
であって，すなわち「各レジームは資源供給をつうじた蓄積の活性化のため
の『空間的回避』（spatial fix）の拡張にもとづいているのだが，同時にそこ
には，既に認知されているエコロジー的，エネルギー的，および気候上の限
界によって今日では明白になっているエコシステムの持続性に関する累積的
悪化が存在しているのである」（McMichael 2013a, p.109，強調は原典）。空
間的回避（or 蓄積の空間的弥縫策）の進行が，自然の「疲弊」傾向をとも
なうフードレジームの継起をもたらしながら農業の工業化の通時的過程を深
化させると言うこともできよう（Moore 2015）。

　共時的な過程について言えば，それらの過程が個々のレジームを定義し，
そのレジームは，複合的で不均一な発展と，歴史的に位置する構造として，
当該レジームにおける重要な緊張を表明する社会的・政治的勢力の矛盾した
並置によって構成される。従前のフードレジーム分析においては，帝国と国
民国家の間の緊張関係，国民国家的と超国家的の間の緊張関係に焦点が当て
られてきた。現在は，「世界農業（対）地域ベースのアグロエコロジー農業」
のような，超国家的とローカルの間の緊張関係へ高い関心が向けられている
（McMichael 2013a, p.19）。しかしこれらは近似的な枠組みにとどまり，各
レジーム内部で構築・再構築される諸過程に寄与する特定の諸要素によって
具体化されなければならない。ここで，フードレジームの「部分」の相互作
用をもとにフードレジーム「全体」を捉えるための統合比較の方法は，まさ

p.662

にマルクスの政治経済学の分析方法そのものなのである。マルクスの方法論の特徴は，歴史的構造の現象形態をただ具象化するのではなく，歴史具体的な全体を概念的に生み出すために歴史的構造を構成する諸関係の起源をたどることにある。同様に，歴史的構造としてのフードレジームの総体を描き出すには，「多くの諸規定と諸関係から成る全体」の形成過程を介した再構成が求められる（Marx 1973, p.106）。これは『フードレジームと農業問題』が提示したところであり，それにはたとえば農業問題を（単に一国的ではなく）グローバルな諸関係として捉え直すことや，フードレジームのダイナミズムを非農民化とグローバルな雇用条件の悪化の相互関係の表現として捉えること，特定地域（東アジア，通等，中南米）の諸過程や相互関係のレンズをつうじてフードレジームのダイナミクスを検討する方法を描き出すことが含まれる。

　マルクスの方法は，共時的な全体の具体的概念化を提供する——以下のように，

　　　具体的なものは，それが多くの諸規定の総括であり，したがって多様なものの統一であるからこそ，具体的なのである。だから思惟では，具体的なものは総括の過程として，結果として現れるのであって，それが現実の出発点であり，したがってまた直観と表象の出発点ではあるにしても，思惟では出発点としては現れない。（Marx 1973, p.106）（訳注：この箇所は高木幸二郎監訳『マルクス経済学批判要綱』大月書店，22ページの訳。ドイツ語原文は『マルクス・エンゲルス全集』第42巻，p.35）

　マルクスの方法を援用した統合比較を行うことによって，「蓄積と労働力の生産・再生産の基盤形成のために，資本が時空を越えて農業諸関係を編成することの一般的特質」（(McMichael 2013a, p.109) としてのフードレジームの継起的で地政学的な諸形態の形成に見られる，資本の政治史を明らかに

することができる。このような通時的な視角こそが，「食料供給危機を引き起こした共時的かつ通時的であるプロセスと矛盾の両方を有する現行のフードレジームの危機を理解する上で決定的に重要であり（同p.109），新自由主義貿易レジームの正当性に大きな揺さぶりをかけたのである。

　それは2007 ～ 08年の食料価格危機の際に具体的に，

　　　空間的・時間的関係の重なりあい，それはとくに，モノカルチャー化による単純化と化石燃料依存の増大を通じた長期的な「農業の工業化」となって現れ，それと連動した食料生産収量の低下，農業起源燃料によるカーボンオフセットと金融的投機による今日のインフレ効果として表れている。石油産出ピークや代替燃料作物に関連するコストの上昇が，アグリビジネスによる価格設定と相まって，自由化された金融，貿易，食料安全保障体制を通じて世界中に伝播させられる（McMichael 2013a, p.110）。

　『フードレジームと農業問題』の最後から２番目の「危機と再構築」に関する章は，民間部門主導の「食料安全保障」の幻想を明らかにすることを通じて企業フードレジームの正当性を掘り崩す主要な推進力と関係を描き出すことに力を入れている。10年以上前に「食料安全保障」に食料主権運動が疑問を呈したものではあっても，それは農民によって引き起こされた危機ではなかったのである。この章では，世界の食料秩序の「動く部分」を再検討した。そこで示した点を以下に列挙すると，危機は普遍的な起源がなく一様な影響を及ぼさない点，一連の重要な穀物輸出禁止が関連している点，バイオ燃料政策が世界の穀物貿易と食料供給を再構築した点，南北の食料暴動の続発，農産物・食料品先物取引と土地への金融投機，「スマート農業」としてのバイオエコノミーとバイオ資本主義の勃興，石油市場と食料市場のいっそうの統合，貿易の多極化と「農業安全保障重商主義」の台頭によるフードレジームの地理的転形，「バリューチェーン」農業を促進するための官民パー

トナーシップを通じて「小規模生産者」に企業家的役割を担わせる官僚による「世界農業」の再編である。

　これらのダイナミクスが結合することによって，おそらく転換期をもらたすようなフードレジームの再構築が発生する一方，企業フードレジームを形成した勃興期のダイナミクスは従前の諸関係を再構成するようになっていった。『フードレジームと農業問題』で提示されているとおり，こうした動向は，食料生産における国際分業の再編，新興農業国の台頭，国際通貨に代わるグローバル金融関係，農業部門支持政策を排除しつつ農業輸出を促進する債務レジーム，WTO体制が推奨する「世界農業」形成に向けたインフラ構築とその正当化を含んでいた。プリチャードの見解によれば，WTOは「第2」フードレジームにおける重商主義を持ち越したものであったが（Prichard 2009, p.297），私の見るところでは，それは非常に形式的なものといえ，実質においては，「それによって農業者達が普遍的に世界市場価格に直面させられた」のであり，したがってゲームチェンジだったのである（McMichael 2013a, p.46）。そして，このゲームチェンジこそが，収奪を強化し，農民／農業者の結集を急激に促進させた。ホセ・ボベとフランコア・デューフォーは，欧州の輸出農業が欧州の家族農場と南の国々の農民のそれぞれに異なった結果をもたらしたとし，統合比較アプローチをグローバルな抵抗運動の分析に組み込むことを提唱したのである。

　　このグローバルな抵抗運動の強さは，それがまさに場所ごとに異なっていることにある……世界とは複雑な場所であって，複雑で異なる諸現象に対して一つの答えを探すのは間違っているであろう。われわれには，国際レベルだけでなく，地方や国レベルなど，さまざまなレベルで答えを見つける必要がある（Jose Bove and Francois Dufour 2001, p.168）。

　以上のように，食料主権のための国際計画委員会（IPC）は，国内規模やローカルレベルの運動の成果を反映した世界の代表として，この指示に従っ

て活動することを目ざしている。ジュン・ボラスが主張するように，ラ・ビア・カンペシーナは（グローバルな舞台での）主役であり，国あるいは国に準じたレベルや地域の農民，農業者グループの討論と交流の場でもある（Jun Borras 2004, p.3）。この「内的」戦略と「外的」戦略の組み合わせは，国際機関やフォーラム（ごく最近では，FAOの世界食料安全保障委員会で正式に）との連携への要請によって成立している。あらゆる規模において，運動は，レジームの進化，直近では土地と水に関する囲い込みの強化に直面してきたのであって，それは，権利と「土地主権」に対する新たなグローバルな動きを背景に，「ランド・グラビング」への監視の努力のような，「外」から「内」への転換に向かっている（Monsalve Suárez 2013; Claeys 2015; Borras and Franco 2012; McMichael 2014b）。こうした闘いが新たな局面にあるのは，「企業」フードレジームの組織と影響力がその発端以降，大きく変化しているからである。

企業フードレジームのダイナミクス

　ここでは，「企業」フードレジームの構造に関する議論を総括する必要がある――それが単なる企業と農民によるレジームではないことを強調するためでもある。「フードレジーム」とは世界的規模での食料の生産と消費の構造を規定する特定の諸ルールをともなった資本主義の世界秩序である（Friedmann 1993, pp.30-31）。私はこの点について，価値関係の観点から，「その支配的ルールによって，世界価格こそが食料供給関係を規定することが明確されている固有の世界史的局面」として具体的に提示した（McMichael 2013a, p.8）。この定式化が「第3の」フードレジームについての私の主張の中心となるものである。バーンスタインが指摘するように，それはフリードマンが提起した企業・環境フードレジームの定義とは少しばかり異なっている（Bernstein 2005）。『フードレジームと農業問題』の第3章では，グローバル貿易における，必ずしも特定の支配的国家との連携のない超国籍企業主導の民間レジームの台頭の重要性を論じて，フリードマンによる主張とのか

p.664

93

なりの（敬意を表した）差異に力点を置いている。関税と貿易に関する一般協定（GATT）ウルグアイ・ラウンドが，食料の世界市場における「ダンピング輸出」の２大巨頭であり，1995年の妥結すなわちWTOの発足および貿易，投資，知的財産制度の成立に多大な影響力を及ぼした企業を背後に有するアメリカとEUの手打ちを象徴している。当時，「食料安全保障」は食料を購入する権利と再定義され，市場のルールに一元化されたのである。この点は，WTO農業協定（価格支持政策を普遍的に非合法化しておきながら，WTO農業政策「ボックス」分類システムによって隠蔽された先進国のアグリビジネスを優遇する価格支持政策を例外扱いしている）によって可能となった貿易穀物の人為的な世界価格に体現されている。

　従前の英ポンド金本位制，ドル金本位制のような，真の国際通貨は存在しなかったが，企業フードレジームは，国際レジームに関する従来の理解とは異なった一連の明確な関係として構築された（Krasner 1993）。プルフは，国家を基盤にした帝国（イギリス，アメリカ）と彼が「食料帝国」と呼ぶものを示唆的に区別することによって，そうしたレジームのある種の差異を把握している（Ploeg 2009）。国際金融ガバナンスの「国家から国際決済銀行のような『民間』機関への移行を背景」に，この民間レジームの下では国家が市場に仕えるようになっているのである（Nesvetailova and Palan 2010, pp.7-8）。ハーベイが主張したように，世界銀行，国際通貨基金（IMF），国際決済銀行は，経済協力開発機構（OECD），主要国首脳会議（G-8），20カ国・地域首脳会合（G-20）とパートナーを組んで，各国の中央銀行と財政当局を調整し，「国家・金融資本結合体の国際版として進化を続けるグローバル金融の制度を組み立てている」（Harvey 2011, p.51）。このメカニズムをつうじて，支配階級達は自分達の代表者を国際金融機関に送り込んで通貨安定を図っている。このことこそが，国家がますます民営化され，危機の際には納税者が債務不履行の尻拭いをさせられるという，現局面の特徴を形作っている。このような市場の安定性は，過去30年にわたる先進国から途上国にまで一般化した財政緊縮化という条件に依存してきており，それがまた輸出農

業を普遍化するフードレジームとして表現されている。食料主権運動はまず
はEUと米国の農産物輸出による不安定化に挑戦したのだが，WTOとIMFが
バックアップする貿易体制の下では，農産物輸出は，今日では企業によって
構造化された「比較優位」経済のもとであらゆる国で一般化されている。ラ
ジ・パーテルの述べるところでは，

　　　食料に関する新たな政治経済は，アメリカの食料過剰を通じてコント
　　ロールされているのではなく，途上国の負債を通じてコントロールされ
　　ている……先進国は寛大な顔つきをしながら途上国からの安い食料の調
　　達が可能である——それは先進国での安い食料のひとかみごとに途上国
　　の債務返済に寄与するのだと（Raj Patel 2007, p.93, p.96）。

　私は，日常の食料消費が途上国における輸入食料の支払いに寄与している
点を加えたい。というのも，この緊縮財政レジームの下でこそ，高付加価値
輸出食料による国内向け食料の代替が進み，「新興農業諸国」の増加をもた
らしたからである（Friedmann 1991）。
　民間レジームは「ガバナンス」を必要とするのだが，『フードレジームと
農業問題』では，GATTの多国間主義が，（農業保護と供給管理政策を除去
して食料価格を押し下げながら）固有のグローバル蓄積構造を発展させるた
めに国家主権を損なうグローバル規制メカニズムを，いかにして巧妙に作り
上げることを可能にしたかを概説した。GATTにおける訴訟の手続きの標準
化と一般的な関税引下げは，その際だった本質的側面を体現しており，それ
が魅力的だったために国民国家の加盟が増大して，WTO形成にいたったの
である（Winters 1990, p.1298）。WTO第1回閣僚会合におけるWTO事務局
p.665 長の「われわれが検討しているのは，もはや各国経済間の相互関係のルール
ではない。単一のグローバル経済における憲法を作成しているのである」
——つまり自分のルールを押しつける覇権国家が存在しない時代にあっては
WTOが，という訳である——との発言によるお墨付きもあり，このレジー

95

ムは確固たる正当性を持ったのである（UNCTAD 1996参照）。従前の国内経済を規定していた農業補助制度が競争的な世界市場という装置に転換されたが，後者は穀物貿易業者や食品小売業者が利することを目的にWTOに制度的に組み込まれたのである。これらのルールは，貿易・投資の自由を維持するために拘束力のある統合紛争解決メカニズムを有することで，全ての国が平等であるかのように市場条件の標準化を前提にするものであった（後発途上国についてはいくつかの例外がある）。

　農業食料経済の国際化の進展は，根本的に貿易と投資の「自由」に依拠するものだったが，その「自由」を行使したのは超国籍企業であり，後の21世紀に金融資本主義化が確固となり，いわゆる「ランド・グラブ」を引き起こすに至ると，金融機関や投資家によって行使されるようになった（Clapp 2012; Fairbairn 2014）。世紀の変わり目にラ・ビア・カンペシーナが「世界中の食料をめぐる大きな変動は，人々がさらに運動に参加することを求めている」（2000年）と主張したように。このような「扇動目的宣伝」（agit-prop, バーンスタインの用語）は，フードレジームにおける決して見落とせない関係，——すなわち資本循環関係の重要性——，農業問題におけるオーソドックスな階級分析がまさに見落としていたものを明らかにした。食料過剰の構図がもたらす危機の重大性および社会的エコロジカルな影響を明らかにする食料主権抵抗運動の能力は，当レジームにおける国家システムの構造化についての鋭い政治的分析を示し，主権に対するその逆説的影響とともに，21世紀の幕開けとともに現れた農業危機の深化と長期的非持続可能性を明らかにするものである。

　この意味で，食料主権運動は輸出禁止によって食料対外依存のもつ問題を露呈した2007〜2008年の食料価格高騰の危機を予期するものであったことは間違いない。このエピソードは，数十年に及ぶ食料対外依存の高まりに関心を集めることになった都市部における暴動に表されているように，国家主権の毀損を浮き彫りにした（Patel and McMichael 2009）。これらの食料暴動が，食料価格高騰とフードレジームにおける自由化政策とが関連している

ことに怒りの矛先を向けたことは明白であり，加えて食料の商品化および発展途上国における都市化圧力を再生産する超国籍食品会社の支配体制に対する，都市と農村の政治的同盟の強化であったのである（たとえば，Bush 2010, Gana 2012, McMichael 2014, p.948）。

　「食料危機」とそれにともなうランド・グラビング現象は，食料・燃料，または「多目的作物」と呼称されるレジームの再編の現れである（McMichael 2012a, 2014; Borras et al. 2012; Baines 2015）。それは長期的な転換の始まりとなる可能性がある。というのも先物取引における投機に起因する食料向け作物の燃料用途への転換と投入コスト（石油，リン酸塩）の上昇が結びつくことによって，資本の生産と再生産コストの削減に寄与する安価なエネルギーと食料供給を可能とするランド・グラブのためのフロンティアの余地が縮小するからである（Moore 2015参照）。アグロエコロジーがFAO関係者および見識のある農学者の間で市民権を獲得し，農民生産者がアグロエコロジーに関する教育機関や種子，知識を共有するネットワークの支援を受けて，生物多様性農業に関する新しい方法を習得しつつあることは驚くべきことではない（Vía Campesina 2010; Rosset and Martinez-Torres 2012; Da Vía 2012; Fonte 2013; Massicotte 2014, De Schutter and Gliessman 2015）。食料主権運動は自らの政治力を新たに登場している現実に適応させつつあるが（McMichael 2014），矛盾した状況や結果にならないとはかぎらない（Third World Quarterly 36（3）特集号，2015参照）。

結論

　私の見解では，フードレジームに関する分析は現在進行形である。現代資本主義がひとつのフードレジームであることを前提にすれば，グローバルな
p.666　規模で特殊に組織化された食料体制の具体像の諸契機を解明することこそが鍵である。WTO体制の台頭と影響力の低下が錯綜した時代のフードレジームは「食料安全保障」として表される安価な食料の関係として特徴づけられるが，それは土地を追われ，「農業者なき農業」に取って代わられつつある

食料生産者達の収奪と窮乏化の過程に依存している。世界的規模で進む囲い込みの過程における食料主権の抵抗運動の孵化は，必然的にレジームをして持続不可能なものとして政治の俎上に乗せるにいたった。現在，それが転換過程にあるのかどうか，そして現状がどのような状況なのかは未解決である。確かにドーハ・ラウンドは行き詰った。しかし，資本はその形を変えながら以下のような囲い込みのパターンを継続している。すなわち，官民パートナーシップを通じた土地と水の囲い込みである「食料安全保障と栄養確保に向けた新連盟」にG8の支持を取り付けること，新規の地域・二国間貿易協定を発動すること，および知的財産諸関係を独占することである（McKeon 2014）。同時に，国家が投資家に合流して食料や燃料の供給を目的とした海外の土地徴用に乗り出す際には，上記のような農業者の土地からの追い出しパターンの収奪を繰り返すのである。

　農民運動の成果の一つとして，資本本位の価値関係に対する認識上のオルタナティブを強化した点を挙げたい。別の個所で論じたように，食料主権による批判はマルクスが「物質代謝の亀裂」と呼んだものに由来する「認識の亀裂」を想起させる（McMichael 2012b）。これは，資本による農業支配を理論化する際の，農業における自然の物質代謝関係の攪乱と，それにともなう価値関係の特権化ということを指している。そこでは，農業食料の価値を決める際に経済的関係がエコロジカルな関係に取って代わり，農業者の知識の減価や農業の工業化の特許化が行われるのである。そこでは経済関係が，農業食料の価値を決定したり，農業者の知識を割り引いたり，農業の工業化を認可する際に，エコロジカルな関係を代替する。エコロジカルな関係の意義を再生させることで，食料主権運動は新自由主義的資本主義に対抗する存在論的オルタナティブの前兆となる。つまり，世界とその居住者はいかにして商品化，効率性，私的利益といった経済原則ではなく，エコロジカルな原理で組織されうるか。それは実際のところたいへん高い目標であろう。それにもかかわらず，それは世界中で多くのオルタナティブな取組みが出現するのである。

　本稿では食料主権を抵抗運動の側面から分析し，資本が支配するフードレジームとその従来の分析カテゴリーからの脱却の方向性を提示する方法上の批判をおこなった。仮に食料主権が単に批判に留まるならば，それは単なる「農民主義者」にすぎないかもしれないが，さまざまな規模で世界中で繰り広げられる多岐の領域に及ぶヘゲモニーへの対抗運動が存在することを認識するならば，食料主権の意味するところはそれ以上のものであろう（. Martinez-Alier 2002; Kerssen 2012; Vanhaute 2008; Teubal 2009; Da Vía 2012; Fonte 2013; Andée et al. 2014; Mann 2014; McKeon 2015a, special issue of Third World Quarterly, 36(3)，2015などを参照）．.

【謝辞】

　ラジ・パーテル，マックス・アジル，エリザ・ダ・ヴィア，ディブヤ・シャルマ，ミンディ・シュナイダー，ハリエット・フリードマン，アレッサンドラ・コラッド，そしてコロンビア大学の同僚や匿名の読者の皆様には，この討論に対する有益な意見をいただいた。

【開示説明書】

　著者からは利益相反の可能性については報告されなかった。

【著者紹介】

　フィリップ・マクマイケルはコーネル大学の開発社会学教授である。彼はFAOの世界食料安全保障委員会（CFS）に組織された「市民社会メカニズム」のメンバーである。彼の現在の研究は，土地問題，食料主権，フードレジームに関するものである。受賞した『開拓移民と農業問題』（1984年），『開発と社会変化―グローバルな視点』（2016年），『フードレジームと農業問題』（2013年）の著者であり，『開発論争―社会変化のための批判的闘い』（2010年）の編者である。Email: pdm1@cornell.edu

【訳者付記】
JSPS科研費20H06272（代表・清水池義治）の助成を受けた研究成果の一部である。

[橋本 直史 訳]

Ⅲ
コメント：
フードレジーム分析と農業問題——議論の幅を広げる

ハリエット・フリードマン

要約

p.671　　マクマイケルとバーンスタインの意見の相違の中心点は，食料と農業を資本主義との関係でどのように分析するかについてである。マクマイケルは，資本主義の主な矛盾は現在でも農業に由来すると考えており，ありうべき将来は，いずれにしても農業者によるものだろうと考えている。バーンスタインは，資本主義は，すでに農業（土地から追放されてはいない農業者を含む）を完全に資本循環に吸収し，農業をまったく多くの蓄積部門のひとつに変えており，主要な剰余労働の源泉のひとつにしていると考えている。彼らは，研究のルートは異なってはいても，以下のような重大な問題に到達したのである。すなわち，**過去についての解明は評価できるにしても，フードレジーム・アプローチは，現在の矛盾を説明するのにも有用であるかどうか，もし有用であるならそれはどのようにしてか，**ということである。この非常に現実的かつ重要な問題をより幅広く探求するために，私は，**議論を現在の転換（transitions）の複雑さ**についての議論にしようと試みた。私は，議論の枠を広げて，マクマイケル（彼の統合比較法）とバースタイン（彼の農耕と農業の区別）の他の著作の検討も含めることから始めた。私の結論は，フードレジームと農業の変化は，農業と資本主義の転換（transitions）に関する，より広範な分析に位置づけられなければならないのであるが，両者は重要なことを見逃しているということである。これまでのアグラリアン（農業主義者）の考えは，都市社会について多くの知見を提供してきたが，フードレジームのより大きな運動については見落してきた。すなわち，社会的・技術的転換と新しいコモン（commons）に関する文献の多くは，技術についての批判的な分析を提供しているが，食料と農耕の重要性についての認識は欠けているということである。マルクス主義理論を再生させるような豊かな社会と協同（collaboration）への転換における人間性についての最近の研究もまた，食料と農耕を見落としている。フードレジーム論の枠外の研究と農業問題を結びつけることが，それらの研究やわれわれを前進させる道筋を提供してくれるのである。

キーワード：転換，農業主義者，フードレジーム，食料主権，コモン，統合比較，ポスト資本主義

100

　二人の著名な同僚かつ親友との討論についてのコメントを求められたことは，歓迎しがたい贈り物であった。私は，単純にここでは同意し，そちらでは反対するといったことでは意味がないと見ている。そうではなくて，自分としては，私たちの三人すべてと "*The Journal of Peasant Studies*" の大半の読者を結びつける問題点がどこにあるかを見つけることだと考えた。自分としてはより良い論点だと思うものに到達したと考えている。ただし，論点がどこにあるかを明確にしたいが，それに結論を出そうとは考えていない。その代わりに，過去や最近の文献と関連づけつつ，より広範な社会変化の流れと結びつける道を開きたいのである。

　マクマイケルとバーンスタインの意見の違いの中心は，つまるところ食料と農業を分析する際に，それぞれがどのように「出発点としての資本」をみているかにある（Jansen 2015, p.214）。マクマイケルは，資本主義の主要な矛盾が現在でも農業に由来すると考えており，ありうべき将来は農業者が主導するだろうと考えている。バーンスタインは，資本主義は農業（土地から駆逐されていない農業者を含む）を資本循環に十分に吸収しており，農業はすでに多くの蓄積部門のひとつにすぎず，剰余労働の大きな源泉になっているとしている。

p.672

　これらの立場は，逆説的には同じことを意味する。**すなわちフードレジーム分析の有用性を失わせることである**。アグリフード主導（agri-food-led）の資本と農業者主導の食料主権運動との間の「画期的」な対立をマクマイケルが論じているが，それは，「企業フードレジーム」が最後のものであることを意味している。食料主権が勝利するか，破滅的な気候変動，種の死滅，経済的混乱，大量飢餓に敗北するかである。ポスト企業フードレジームにはどのような可能性があるのだろうか。バーンスタインの資本が農業を取り込んでいるという議論は，「農業問題」が特殊ではなくなっただけでなく，フードレジーム分析の有用性も失われたことを意味している。つまり，なぜ資本集積において農業セクターを排除し，特別のものとするのかというのである。

101

フードレジーム・アプローチはその過去についての解明は認められるにしても，現在の矛盾を説明するうえでも有用であろうか。もしそうであるなら，それはどう説明するか。もしそうでなければ，他に何があるか。こうした問題提起は，2005年以降に私自身がマクマイケルの議論から離れたことを理解してもらうのに役立つ。私たちには，フードレジーム分析を複数の時間的・空間的スケールで，社会運動，エコロジー，そして過渡期に組み入れようという共通した関心があったのであるが。このコメントを書くことで，マクマイケルが，何か捉えどころがなく一次元的なものを「企業フードレジーム」とすることに自分が抵抗した理由を明らかにすることができた。私が報いたいのは，マクマイケルの議論が明快であり，かつ議論の相違点を認め，私の理論的貢献を一貫して寛大に認めてくれたことである。他方では，バーンスタインが私の議論の「無制約性」（openness）を指摘しているのは，実のところ私が食料と**農耕（farming）**がすべての社会の自然的な基盤として疑いもなく重要であると直感していることに由来する。もしそうであるとするならば，私は，フードレジーム分析が，蓄積，権力，階級，領土をめぐるより大きなダイナミクスの中心であるかどうか，どのように，そしてなぜであるかを理解しなければならない。

　議論における両者の立場を批判的に検討する際に，彼らが共有する論点については繰り返さない[1]。バーンスタインの，2005年という重要な区分以前のフードレジーム分析についての正確かつ評価できる描写を問題にする必要はなく，彼の批判はいずれも鋭い[2]。しかし，私は両者の議論を前進させるとみられる著作を取り入れて，議論の枠組みを広げたい。マクマイケルが行った統合比較法と，バーンスタインによる農耕と農業の区別は，彼らの現在の立場を批判する道につながっている。最後に，私は，フードレジーム分析は，**転換期**についてのより広範な分析部分として，今日でももっとも有用であると考えている。

フードレジーム──企業と農民を超えて

p.673　　1980年代以降，食料や農耕[3]を方向づけるうえで，国民国家に対して企業がますます強力になっていることは疑いの余地がない。しかし，「レジーム」という表現は，そうした見方に実体をほとんど与えていないものの，それが提案する以上のものを含意している。「企業フードレジーム」という用語は，うまく行動する一体化した企業のアジェンダ（行動指針）を意味するが，それは人類の利益のために反対されるべきものであって，農業者はこの闘いの意味を理解した運動にまとまり，運動をリードしているとされる。しかし，こうした定式化は，景観（landscape），作物，階級，国家間関係の変化といったフードレジーム分析の中心的な評価を崩してしまうものである。それは，アグリフード資本自体の動態や，他のセクターや資金，さらに政府との関係についての疑問を不問に付してしまう。たとえば，巨大アグリフード企業の中国糧油集団公司（COFCO）による買収，そしてその「新植民地

1）フィリップ・マクマイケルとヘンリー・バーンスタインのお二人には，本稿の以前のバージョンについて詳細かつ役に立つコメントをいただき感謝している。2人はまったく異なった点について正しいと評価し，反対もしており，同時に議論の枠を広げ，論点に焦点を当てようという私の挑戦を助けてくれた。お二人それぞれが，深い友情の精神をもって私とのたいへんむずかしい知的な討論に加わってくれたのであり，私は本稿がよりしっかりしたものになったと確信している。ミンディ・シュナイダーは非常に有益なコメントをくれ，ジュン・ボラスは私が議論に参加するように促してくれた。私は，この数か月にわたり発展させているアイデアについて，時には友人にしつこく迷惑をかけてきた。その中にはこの問題にほとんど関心がない人もいれば，知識人や活動家のなかには，おそらく私もそれに含まれるが，とくに私たちがだいじにしているアイデアを問題にするときには，冷静な判断ができるように努力しなければならない人もいる。言うべきことを言いながら，人間関係を大切にすることが目標である。

2）バーンスタインは，私のアプローチを2005年以降のマクマイケルのアプローチと比較して好意的に評価しているが，彼は，その年に私が提案した創造性と応用との論理についての議論を展開しておらず，また，後述するように，それは今まで以上に重要になってきたと考えている。

3）バースタインが農耕と農業を効果的に区別していることについては後にみる。

103

主義的」（国家主導海外進出）戦略（Wilkinson, Valdemar, and Lopane 2015, p.19）への統合といった問題の解明には役立たない[4]。帝国主義，国民国家制度（第1・第2フードレジームとされた）の後に来るものは何か，つまり多くの企業が環境や健康分野で利潤をあげる可能性（グリーンキャピタリズムの可能性）を取り込んだ段階で，また国家に管理された企業が不公平に再規制されたアグリフード・セクターに参入した段階で，である。資本主義体制のより大きな変化や権力の再編のもとでの食料や農耕が変化する方向については，依然として疑問であり，回答は与えられていない。

　マクマイケルと私は，1945年から1973年の国家規制フードレジームのもとでの農業関連企業[5]の登場については，ずっと以前に確認している。私たちは，「企業は国家の規制を通じて多国籍化した」（Friedmann and McMichael 1989, p.112）とした。したがって，企業は本来の存在条件を超えて肥大化した。そして私たちは，1980年代に企業が農業を貿易協定に編入することを迫られたこと——おそらくそれはアメリカと欧州との国家間紛争と同じくらいに重要であった——，そしてそれへの反応として新たな民主的実験やアイデアが出始めていたことを確認した（ただし，それをどう解釈するかはわからなかったが）（Friedmann 1993）。私たちは，何か「国家制度と資本の相互条件づけ」と呼ばれるものが，イギリスからアメリカへのヘゲモニーの移行と，そしてアメリカのヘゲモニーの衰退の初期段階を通じて変化したことを知ったのである。

　アリギ（Arrighi 2010 ［1994］）の議論を拡大して，私たちは，ヘゲモニーの移動には，最上位にある国家の移動だけでなく，国家間の関係がどのよう

4）ウィルキンソンらは，COFCOによるブラジル企業のノーブル社とニデラ社の買収について言及しており，「新植民地主義的」という用語は，アメリカの食肉大手スミスフィールド社の買収に適用された場合よりは小さくなる可能性があるが，COFCOによるそれら買収企業の運営にいかなる類似点や相違点があるかを調べることは重要であろう。

5）なお主には，機械，農薬，家畜飼料工業を「上流」，食品加工業を「下流」に区別している。

に組織されたのかを含むと主張した。イギリスのヘゲモニーは**帝国**（植民地帝国の世界では支配的な帝国）であったが，新興アメリカは**明らかに国民国家体制**の頂点にあった。明らかに国民国家体制は，反植民地革命を経て帝国を掘り崩すことで開かれた。結果的にアメリカのヘゲモニーの衰退は，企業の「国際」から「多国籍」への複合的で法的かつ実質的な移行を経て進行した。それは，すべての国民国家の規制権限を弱体化したことで，不平等な権力が主には国際的な協定によって，とりわけ貿易や（当然ながら）投資を，健康，教育，食料などに関する国連機関に勝る新貿易機関を創設することで組織された。私たちは一貫して，国家間の権力を形成する通貨・軍事関係や資本のための新たなルールがどのようなものかを探ったのである。しかし，

p.674　それが十分に展開されるまで，資本主義が「自らを規制できるか」という問題は解明できなかった（Friedmann 1993）。

比較を統合する―模範的な方法

　マクマイケルの方法論上の識見が重要なのは，農業関連・食品企業（投入財，貿易，海運，製造，ケータリング，飲食店，小売店）や規制慣行（認証，基準，労働，環境）の特定の変化を通じて，資本と権力の「相互条件化」についての継続的分析についてである。これらは，主要な商品（パーム油など）の変化や，国内農業の中心的役割（たとえば，ブラジルや中国は1980年代以前には周縁的であった）の変化にともなって現れた。これらの変化が起こったのは，バンカーやオハーン（Bunker and O'Hearn 1993）が鉱業地域の変化について示したように，金融化を通じてであった。これによって資本は支店や拠点を放棄し，権力の地域的な基盤を変えることができる。フードレジームのアプローチは，世界のすべての地域での農業景観の変化の根底であり続けているこの相互条件化を引き続き考察しなければならない。あるいは，そうでない理由を説明しなければならない。

　マクマイケルは，1990年の論文で，それは私たちの最初のフードレジーム論文のちょうど1年後であったが，彼が「統合比較」"incorporated comparison"と呼んだ方法を用いて，比較史的および世界システム分析に大きな貢献を行った。それは共進化する部分と全体の同時的な歴史解析の問題を解決した。マクマイケルは，以前は互いに独立していることが要求されていた比較の歴史的事例を，部分を全体に，または全体を部分に還元することなく，包括的な構造およびプロセスの分析にどのように「統合する」ことができるかを示した。歴史社会学者を導いた影響力のある試みについて彼が示したのは，ウオーラステインの「世界システム」（Wallerstein 1974）と同様に，構成「部分」（とくに新しいシステムの出現しつつある単位）の特殊性を失って機能主義に陥ったか，あるいはティリー（Tilly 1984）の「比較を包括する」方法と同様に全体の統一性を失ったかのどちらかであったことであった。マクマイケルの「意図したところは，動的で自己形成的な全体の要素を比較並列させることによって，歴史的に根拠のある社会理論を発展させることであった」（McMichael 1990, p.396）。孤立した事実（「国民的発展」段階における）と，

> 部分が全体に従属する事前に予測された具体的な全体との双方に対するオルタナティブは，「統合比較」によって示唆される**生まれつつある全体**のアイデアである。ここでは，全体は，経験的または概念的な前提ではなく，概念的な**手続き**である。……**全体は，部分の相互の条件づけの分析によって明らかになる。**（McMicael 1990, p.391，強調は引用者）

「企業フードレジーム」は，「手順」（procedure）——それは疑問を導くものだが——，を**回答**で代替してしまう。しかもその回答においては，全体性が転形する際に，「諸部分」（作物，地域，国家の形態）が現れたり消えることを許さないのである。これは，世界中で，われわれがせいぜい事前に知っていることを，そして最悪の場合には，強力に——一方向的に——行動することが想像されることを，推定される対象に変える方法である。これは，農薬・食品産業のM&Aによる医薬品主導の「ライフサイエンス」分野

（Lang and Heasman 2015）への取込みなど，蓄積パターンの変化の研究を誘導するものではない。この事例では，たとえば，医薬品の遺伝子技術（および特許）の一般的な受入れが，種子についての特許管理に対する効果的な抵抗力を低下させる可能性があることを示唆している。蓄積，権力，地理，階級形成／衰退といった関係の総体は，もはや「部分の相互条件づけの分析を通じての見出される」ことはないであろう。

方法適用上の欠陥

p.675　企業**フードレジーム**についての叙述は（単に企業の**力**を説明するのではなく），「アグリフード企業」と呼ばれるものを扱うことになる。それは，統合した強力な，特定の空間的な基準（すなわち「出所不明食料」）なしに，単一の軌道上にあると理解される。それは，マクマイケル（McMicael 2013）をして特定の農作物の地域的および種類上のつながり，農業者の地域やタイプを問題にさせない（たとえば，小麦，家畜，耐久性食品，水産養殖，園芸，油糧種子，コーヒー，バナナなど）。したがって，マクマイケルは，時には変化し，時には脇に追いやられるが——われわれが「複合体」と呼んできたもの——物質的な関係や，商品の流れについてのフードレジーム上の問題を放棄する。その代わりに，企業フードレジームの「出所不明食料」は，同じく抽象的な「出所判明食料」に対抗されている——しかし，特定の場所はないのである。企業フードレジームは単一の「矛盾」に閉じ込められ，そこでは古い作物であれ新しい作物であれ，それらは「食料」としては相違のないものとされ，集積の中心や限界となる地域は，すべて「出所不明」か「出所判明」をめぐって争うことになる。それとは対照的に，フードレジーム問題はある特定の領域における変化についての研究を誘導するかもしれないが，他についてはそうはいかないのであって，たとえば油やしプランテーションについてである。

　それは資本主義がもはや適応できないと仮定する過ちにつながる。それは，過去にも，不況や戦争の場合に，普通に何度か行われてきたことである。誰

107

も過去の経済危機や戦争の最中には，資本形成や国家間システム，あるいは
国際分業がいつかは出現するなどと想像した人はいないだろう。きわめて影
響力のあった人々でさえ，試行錯誤を通じて展開された初期のフードレジー
ムの形を予測することはできなかった。ただひとつの例として，第二次世界
大戦中の連合国による世界食料理事会の構想は，ひとつのまったく異なった
フードレジームを，すなわち政府間規制の中心として食料農業機関をもたら
したかもしれない。わずか2年後の1947年のワシントンでの会合で，予期せ
ぬ力の変化が逆転をもたらしたのであって，冷戦は，以前の同盟国を敵に変
えることになった。そして米国の経済的支配は，国際的な計画に対する国内
農業政策の特別扱いを可能にしたのである。そして，米国と英国の間の新し
い関係は，労働党主導の英国政府代表団が自国の計画に反対投票することで
米国と手をつなぐことをさせたことと関係があった可能性が高い
（Friedmann 2015）。私たちは未来を予測することも，単純な軌道に押し込
むこともできない。気候変動もこれを変えることはない。そうした希望に満
ちた（あるいは恐ろしい）思考は，過去に何の利益ももたらさなかった。

　2005年以来，私は，社会的イニシアチブとアグリフード資本との間の創造
性と柔軟性のあるダンスに初めて気づいた時から，資本が実際には非常に賢
明であることがますます明らかになってきたとみている。企業は最良のライ
ターやイメージメーカーを雇い，インターネットや公開会議を使って，下か
らの社会的イニシアチブから生まれるアイデア，言葉，さらには（肯定的）
実践を自分のものにすることができる[6]。（そのうえ最近の）**何が食べられ**

るかという階級間の相違を理由に，（**食べられる量**という古い階級間相違と
複合して），私は食生活の階級性に焦点を当てた。

　2008年の金融・イデオロギーショックの後の企業，国家，国家間関係の変
化は，農業にも（エネルギー，建築，その他のセクターも同様に）当てはま

6）ひとつの重要な文献がこのダイナミックな社会的技術的転換に名称を与えて
　　いる。以下で論じるように，それはまだ農業には適用されていない。

るようである。かつては，ひと握りの先駆的資本を除いて抵抗を受けていた
もの——持続可能性——は，現在では，誇張して，実際には選択的に受け入
れられている。これらの問題のいくつかは調べる必要がある。どのようなや
り方が蓄積の新段階の安定化に成功するのであろうか。「エコロジカルな集
積化」と「気候スマート農業」は，単に修辞的な，あるいは「グリーン
ウォッシング」以上のものであるのか。小規模農業者は，携帯電話などの新
しい技術を採用して効果的にマーケティングし，経験を共有するなかで，依
然として（異なった）資本の支配する関係を新たに構成する一部になる可能
性があるのではないか。ナオミ・クラインとは異なって，私はエネルギーの
資本主義的な転換を想定できる。また，食料や農業においても（その形態は
予測できないが），それを考えることも可能である。

　資本主義の転換（transition）には，支配的な制度の変化が必要である。
これらは，遡及的にポスト資本主義の（新時代の）変化以上に異なった形と
深さをもつであろうが，前もってその双方を把握するには問題が大きすぎる。
ガバナンスは1990年代に復活した言葉であり，それは国家（「政府」）がもは
やルールづくりに携わる唯一の主体ではなくなったという事実を指摘するも
のである。企業圧力団体と社会運動の両方が，1980年代（McKeon 2015）
になってようやく政府間組織に入り込んだ。企業は自らを正当化しようとす
るだけでなく，コスト削減や解明すべき多くの理由から，社会運動よりもよ
り体系的に学んできている。言葉は権力移動にともなってその意味を変える
ことができるのであって，「エコロジー」は「持続可能性」や「健全性」と
いう古い用語と同じくらい本格的に企業の表現に現れている。このような表
現上の変化は新しいものではない。マクマイケル（（2012［1996］）は，「食
料安全保障」という言葉の意味が「開発プロジェクト」から「グローバリ
ゼーション・プロジェクト」へとどのように変化したかを示した。おそらく，
その変化は，もう「食料主権」に明白に対立するものではなくなっている[7]。
私はその変化がどんなものだったかを想像しがたいが，「食料主権」が企業
の単語に取り込まれるであろうことは除外しがたいのである。

ひとたび資本主義企業や国際機関がそれらに対する批判家のレトリックを採用すると，フードシステムを変えたいと考える人々は新しいゲームに適応しなければならない。企業が工業的農業を持続的なものにしようと語る際に，それを時には農業者が先駆的に開発した特定の技術を利用する方法でやろうとする場合には，人々に対してシステムに全体として反対し，より良いものを支持するよう説得することは，はるかに難しいのである。これは，彼らが表現方法だけでなくやり方を変えている場合にとくにそうである——たとえば，水路への窒素の流出削減，畜産での家畜の飼育状態の改善などである。資本がその人間との関係や非人間的自然との関係を改善できないと納得している人だけが，これは単なるグリーンウォッシュにすぎないと思いこむだろう（Sandler 1994）。

　さらに悪いことに，主体の複線的な源泉への視点を閉じてしまうことは，債務や農薬使用を減らすための実際的変化などについての農業のやり方や農業者間の関係の分析を妨げている（Blesh and Wolf 2014）。私たちは，企業，国家，農業者が実際に何をしているのか，そして新しい技術が労働の質を土地との関係でどのように変化させているのかを分析しなければならない。それらに含まれるのは，オルタナティブを主張する食料・農業文献だけでなく，転換をめざしている町，地域通貨，以前には孤立していた農村コミュニティへの携帯電話による新しいマーケティング方法の提供，農耕と野生生物保護の統合，「シェア経済」やグローバル・サウスでのさまざま実験などの多様な動機づけである。食料や農耕の転換に取り組む人々は，世界各地のすべてでの農村や都市の状況を見直すためのさまざまな実験を知ることによってしか得るものはない。これらの試みは，たとえバーチャル世界で得られたとし

7）たとえば，カナダは「食料主権政策」を策定した。「一般の人々や伝統的知識，自然を尊重し包摂する原則。……そこでは「食料主権」という言葉は使われていないが，**人々が自らのフードシステムを方向づける意思決定を自らの手にしているという本質的な考え方**は，現在ではカナダ全土に広がっている。」（FoodSecure Canada 2015）

ても，食料生産者と彼らの土地へのアクセスの重要性を遅かれ早かれ明らか
にするであろう[8]。

p.677　私がマクマイケルやその他の人々に見てほしいのは，全体的変化のなかで
の部分の変化を同時に広く研究しなければ，ことはやっかいであるというこ
とである。企業フードレジーム論のレンズは，（いくらかは）農業者，漁業
者，農業労働者に焦点を当てているものの，階級的食生活や諸階級に対して
決定的であった（そして，私はまだそうだと考えている）ものを——それは
食品加工とサービス，保存と調理，そしてエコロジー農業には達しない農業
転換とも関係するのであるが——をあいまいにし，その枠組みを崩すにい
たっている。「企業フードレジームレンズ」が比ゆ的に示唆するのは，写真
家が油やし（イメージを醜くするため）または電線（ロマンチックにするた
め）のいずれかを排除するためにアングルを変えたいとすることである。そ
れは，景観や作物，人々の変化の複雑な現実をほとんど知ることができない。
それはまた，特定の地域政治や，（あまり分析されていないが）過去のフー
ドレジームを形成してきた農民革命の強力な歴史という枠組みの縁からはみ
出している。この点については，次節で述べる。フードレジーム分析を改善
（または，逃れることを決める）するためには，網をもっと多くの方向に打
つ必要がある。

　しかし，バーンスタインは，マクマイケルと私が2005年以降には軌道を違
えることになったことのいくつかを見落としている。それはフードレジーム
分析の政治経済学を環境史やエコロジーに関する諸科学と統合しようという
考えである。トニー・ヴァイス（Tony Wies 2007）がこの課題に取り組み
始めている。マクマイケルが言うように，これは政治経済学にとって中心的
な価値関係，さらには人間性や人類の存在（Moore 2015）を超える巨大か

8）これらは，都市と農村の分離がますます時代錯誤になっており，それをめぐっ
て数世紀にわたって構築された制度は，「閉じ込められた」制度の重要な部分
であるとの認識をますます強めていると思われる（Steel 2008）。転換につい
ての議論は以下を参照されたい。

つ膨張する存在論的な問題である。それらは農業が気候変動や種の死滅に大きく関わっており，農業がその方向転換に大きく貢献できるという（正確で重要である）見方に固執してはならないという継承されてきた考え方には非常に挑戦的である。気候の進行や政策の要綱についての知識を広めることは政治的に重要であるが，効果的な戦略は分析にかかっており，それは他の諸文献──農業の環境史，農業者の実際的で時には数世紀にわたって進化した生態系知識，そして何世紀にもわたって進化した生態学諸科学──との結びつきにかかっている。そうしたパラダイム転換は，いずれかの原理や人を名指しするには大きすぎる（Davis 2009；Folke et al. 2010）。しかし，重要な手がかりは，バーンスタイン自身の研究に見られるはずである。

歴史および自然の循環──資本主義的傾向以上のもの

　バーンスタインによるマクマイケルの「企業フードレジーム」と，「農民」という無規定のカテゴリーについてのよく知られた批判が，それ自体でよりよい分析につながるというわけではない。もちろん，批判が代替案を提示する必要はないが，バーンスタインの研究に，批判に内在する見解を引き出す手がかりを得たいのである。

　バーンスタインが主張するのは，資本が農耕（farming）を従属させ，再形成することで，最終的には**農業（agriculture）**に転換するという論理的な考えである。農耕は閉じられた社会・自然の循環に基づき，特定の場所に結びついた活動である。農業は世界資本のひとつのセクターである。私は，資本主義の歴史を実際に変化するものとするこの考えの重要性に同意する。しかし，その限界を認識することも重要である。たとえバーンスタインが農業生産と市場の歴史的・地理的次元とともに**農業変化の階級的ダイナミクス**（訳注：バーンスタインの2010年単著書タイトル）における非資本主義的生産様式の持続性についての論理的理論的議論を複雑にしているにしても，まさに彼の著作はフードレジーム分析の歴史的アプローチを用いてヨーロッパとヨーロッパの植民地における農業変化の歴史を結びつけるまれな試みでは

あるのだが，彼は資本の片寄った論理にとどまったままである。規模の拡大と専門化の論理は，国際分業が変化するなかで，生産と貿易形態の関係がどのように形成され改革するかという歴史の切り札となる。こうした論理的傾向は，むしろ，鉄道軌道のようであり，これにより，列車は後方に向かうか，前方に向かうか，または転覆できるのであるが，それは，たとえばヨットのように風で進路を変えるようには動かないのであって，霧でかすんだ水平線に向かう波のようなものである。それは，フードレジーム分析の第2の次元，すなわち歴史および自然の周期的パターンとはバランスがとれていないのである。

p.678

　バーンスタインにとっては，農業を世界資本の一セクターとして完全に統合しようとする歴史的傾向は，閉鎖系内循環型農耕システムから工業的農業に典型的に見られる耕種と畜産の流過型生産システムに流れ込む技術的傾向を含んでいる。この見解には，技術の中立性を無批判に受け入れることが含まれている。すなわち，「生産力」が生み出すものを決めるのは，誰がそれを使い，そしていかなる目的のために使うかによってであるにすぎない。銃が殺すのではなく，人が殺すのである。ところがDDTは，それがどんなに注意深く使われても，または不注意な使用であっても，誰がそれを与えるのか，どんな目的で使われるのかに関係なく，土壌や水，多くの生物を毒する。バーンスタインはマクマイケルのふたつの単純化されすぎた将来像を拒否するが，資本主義的農業の必要性についての彼自らの（落胆した）考えは，ひとつの将来像しか認めない[9]。それが，「世界を養う」ためには土地と労働の資本主義的再編を継続する必要があるとみている理由のようだ[10]。以下でみるように，私は，こうした歴史的で技術的な傾向はいずれも部分的な見

9）バーンスタインは，ポスト資本主義の可能性についての古典的なマルクストの理解，すなわち社会主義か野蛮状態かという理解に固執している可能性がある。プロレタリア革命が不可能であることに絶望することは，資本主義の将来の方が野蛮状態よりもましであることを意味する。このレンズを通す方が，現在の政治を読むのは容易である。

113

方であり，誤解を招くものであると考えている。

しかし，問題が過去と同様に将来にも開かれているとするならば，バーンスタインの農耕と農業を区別することが重要であるのは，フードレジーム分析を単一の軌道に追い込むのではなく，そのレンズを広げることができるところにある。このように，ふたつの相互に関連した傾向は，資本主義農業は豊かさの未来のための唯一の基礎であるという結論を導くのであって，たとえそれが協同の未来の可能性は低いものであったとしてもである。しかし，農耕もまた，人間と自然との新たな社会的関係に基づいて未来の可能性をもちうる。このアイデアは，歴史という鉄道軌道の方向を逆行させるのではなく，健康的な食生活と結びついた生態学的に適合した農耕システムの世界的

---

10) **2050年には人口が90億人になる**という予測は，トムリンソン（Tomlinnson
2011）の「食料生産」予測と同様の解体が必要である。このような予測はすべて，異なる推定値，仮定，モデルを用いたさまざまな官僚報告書の恣意的な結果である。トムリンソンが食料生産予測の歴史を研究したのと同様に，人口予測が固定した歴史については問題にする必要がある。「90億」予測を崩すことは，トムリンソンの見解（2011, p.5）と比較できる人口学者の間で広く受け入れられている見識に戻ることによって，すなわち「支配的な考えは食料安全保障を不十分な農業生産（利用可能性）の問題と見なし，食料へのアクセスと利用という他の2つの支柱を排除し，食料安全保障が食料の分配の問題であり，食料を定期的かつ適切に手に入れやすいということだという観点を排除しているのである」とする食料システム分析者に広く共有された理解に立ち戻ることによって結論づけられると確信している。たとえば，マンダーニ（Mamdani 1972）は，女性のエンパワーメントを含めて，出生率が低下する原因を確認したのであって，そのいくつかは開発機関や論文で広く受け入れられているものである。また，高齢者に対する社会保障の提供も，両親がもはや複数の子供に老後のケアを頼る必要がなくなったことによって出生率の低下につながったという見識もある。残念ながら1972年よりも現在それが向上しているとは考えがたい。もちろん，現在，女性の自己組織化は，農業で適切な投資がなされないことなど，さまざまな面で脅威にさらされている。私が言いたいのは，このような数字が，無害かつ信頼でき，かつ安定したものではないということ，そしてこの種の統計的予測は，説明を要する政治を隠蔽し，人口動態を変えるような政治を誘うということである。ヘンリー・バーンスタインに感謝したいのは，私にトムリンソンの再読を求めたことである。

114

なネットワーク化された未来へと航行することで，資本によって開かれた自然と社会の循環を（再び）閉じるという循環的な可能性を加えることになる。（船乗りは転覆したり，無風帯に巻き込まれたりすることがある）。それは，工業的農業，その労働搾取，それが推進する食生活の人間的性質に対する脅威に対するはっきりした生態学的限界を認識している。それはフードレジーム分析の最良のものを引き出し，分析自体を変えることを可能にする。それはフードレジーム分析をして，資本主義と植民地史の多様な影響についてだけでなく，古典的マルクス主流の主流には期待されなかった——しかしいくつかの動きから予測される——**将来**につながる複雑な原動力にも開かれたものにするであろう。

農耕対農業——論理と歴史

p.679　バーンスタインの重要な著作『農業変革の階級的ダイナミクス』は，**農業**から**農耕**を区別することによって，「コモディティ化」（商品生産化）という彼の初期の精子レベルの（または卵巣レベルの）概念を拡大することになった（Bernstein 2010, pp.61-66）。バースタイン（1979, pp.425-26）は，コモディティ化を，小商品生産世帯の再生産サイクルの中で商品関係を深めるプロセスと定義した。この定義は**生産**に焦点を当てたもので，世帯の再生産を確保するために市場向けに生産し，最終的には農場でできる堆肥を代替するための肥料や，伝統的な害虫防除技術に取って代わる農薬などの投入物を購入したりする必要性である。2010年にバーンスタインは，**コモディティ化**という用語を主に農業者の**自給自足経済**への商品関係の浸透に焦点を当てるために使用した。この変化は，農業における小商品生産者の「永続性」から，彼らの資本への完全な従属，さらには賃金労働者としての資本への完全な従属への焦点の変化を示すものである。同じ傾向は，農業者の資本への依存から駆逐にまで進めるものであった[11]。

　バーンスタイン（2010, p.109）は，理論と歴史に対するマルクス主義独特のアプローチにもとづいて，（コモディティ化への，分解への）**傾向**は「理

115

論的には，小商品生産という階級の位置の矛盾する単一性から確認できるにしても，同一の**趨勢**として明白だということはできない」と主張している（強調はバーンスタイン本人による）。したがって，「農民階級」という一団は存在し続けるか，経済と社会の資本主義的関係に対しては傍流としてさえも現れるかである。農耕はしたがって，生涯を通じる全体のなかでの残りの特別の活動となっている。小さくなった農業社会は，さまざまな構成をもつ世帯，農業社会のすべての目的のために，またそのすべての構成員のために土地利用についての慣習的な方法，そして古くからの物づくり（たとえば，手工芸品）の一部などのさまざまな要素を保持しているが，これらは，複雑かつ予測のむずかしいやり方や場所で，しだいに**農業**に道を譲っている。彼のこうした見解は，農耕から農業への軌道の縮図をインドネシアのスラウェシ高原で観察したリー（Li 2014）のような民族学者によって支持されている[12]。すなわち，歴史は線のようなものであり，大きな周期をもつといったものではない。これは「地域的な過去」（農耕）から資本のグローバル化されたセクター（農業）への移行である。

　この区別は，生態学的（および関連する社会的）循環の破壊によるもので

---

11) この変化は，フードレジームの変化によって形成されたという認識によるものとすることもできよう。1990年代の「土地収奪」は，新しい現象と思われるものとして命名されたものであるが，実際には，1947 ～ 1973年のフードレジーム間には農地が農業者に（多くの場合）任されていたのを，再生して目立つようになった金融資本が土地投資に再び戻ったことによるものであった。アラギ（Araghi 1995）は，いつもそれとは異なった年代記（常に示唆的である）を提供しており，これを世界に残された農民に対する「グローバルな囲い込み」と呼んでおり，それは数十年単位ではなく世紀を超える長いサイクルだとしている。

12) そこでは，少数の者を豊かにし，多数を絶望的な状態に導く慣習的土地利用の囲い込みが，自発的か強制的かはともかく実施された。しかし，リーにとっては，主な解決策が，土地を失ったスラウェシ高地人がインドネシア政府からの現金支払いやサービスを要求するために，何らかの行動を起こすことにあるといった可能性は低い。彼女は，社会運動による保護や支援，あるいは土地と生活のための共通の制度を回復したり再構築する希望はほとんどないとみている。

ある。**農耕**は，人間活動のほとんどの領域よりも自然の循環により直接的に関わっている。バーンスタインの有用な定義では，農耕は

　　農業者が行っていること，あるいは何千年にもわたって行ってきたことは，土地を耕して家畜を育てること，あるいはそのふたつの組み合わせであって，それは典型的には整地された圃場と境界のはっきりした牧草地の組み合わせのなかで行われてきた。農業者は，土地の肥沃度を維持または回復させるための措置が講じられない限り，気候（降雨と気温）の変動や土壌劣化の生化学的傾向などのすべての不確実性とリスクをもって，常に**活動の自然条件を管理しなければならなかった**。農耕をうまくやるには，生態学的条件に関する**高度な知識が必要であり**，不確実性とリスクの許容範囲内で，**より良い耕作方法を考え，採用しようとする意思が求められた**。（2010, 62-63。強調は引用者）

p.680

　農耕のその他の社会的・自然的・文化的特徴としては，「閉鎖系内循環型農業生態系システムを通じた土壌肥沃度の維持，重要な時期における労働の確保，［および］地域の職人による物品，サービス……そして道具の提供」（Bernstein 2010, p.64）が挙げられる。農村の階級や分業は，特定の場とのつながりのおかげで結びついている。

　これは農業生態学に関する現在の多くの文献と共通している（Altieri 1987；Gleissman 2007）。しかし，バーンスタインにとっては，生態学的特殊性が場所に限定された先資本主義的な生活様式が資本主義に取りこまれることによって有効性を失うのである。知識集約度と生態学的感受性の質は，農耕の**地域的な過去**に属する。農業部門の過去は不均一であるが，最終的には**農業**生産と交易規模が拡大することによって掘り崩される。これは，（再び不均衡である）新興の資本主義農業部門が上流・下流産業とより広範かつ緊密に統合することによるものである。ここでは生態学はまだ残っている。農耕においては，気候やその他の自然的特徴は人間の食料獲得にとっての大きな「リスク」であったが，農業においては――生態学的な（おそらくヒトの人口増加を含む）影響を与えることがあっても――もはやそうではなかっ

た。彼はそうは言っていないのだが，農業者の知識は科学に道を譲ることになるだろう。彼は生態学を無視しているので，科学は工業的方法に資する農学に限定されているようである。

　バーンスタインは，**農業を農村生活の全体から分離された**（そして破壊されつつある）専門セクターと定義している。ひとたびそうなると，それは町と農村，耕種と畜産，そして製造業との間の分業が深まり，そしてもちろん，あらゆる手工業職人活動が工業製品によって置き換えられる。最終的には，機械製品や化学製品などの投入によって，また，かつては地元料理の原材料であった植物や畜産物が食品製造業者に供給されることによって，双方を支配する産業システムに，全体が取りこまれることになる。そして，専門的な農業者（小売業者から農業用機器を購入するのと同じように，スーパーマーケットで自分たちの食品を購入する）と企業の利害は，資本主義経済の政府にとっての明確な政策領域となるのである。信用と運輸が，「農業と工業の間，そして農村と町との間」（Bernstein 2010, p.65）という複数の分離が求める新たなつながりを生み出している。

　農業は完成した資本主義的生産関係の一部であると主張することにより，バーンスタインは，プロレタリア化に向かう不可避的な傾向があるとするマルクス主義的な分析に従っている。すなわち，資本は，工場で働く人々を集めることによってプロレタリアートを生み出す。この階級は，今度は「生産力」をコントロールする力を得，それを社会の利益のために利用できるようになる。しかし，今日の現実はこのマルクス主義の説明を混乱に投げ込んでおり，それはたとえ，私たちの大半が1970年代に想像した以上にマルクス主義のいくつかの側面が的確だと証明されているにしてもである[13]。農業，製造業，屠場，トラック輸送，倉庫，ドック，小売店や飲食店における賃金労働者の搾取は周知のとおりである。資本主義のフードシステムにおける労働

---

13)「国家」とは結局のところ，「**共産党宣言**」のなかにある「ブルジョワジー全体の問題を管理する委員会」なのか。2008年（Mason 2015）の金融混乱が，パニックに陥った主流の専門家でさえ，マルクスに助けを求めたのである。

者の人的コストは工業的食料を勘定に入れなければならないのであって，それは**クオリティ**フードとよばれるようになったものを得る余裕のない大衆にとっての工業的食料の肉体的コスト（および公的コスト）と同様に，人々に「餌を与える」ような工業用食料である（Winson 2013）。クオリティフードの多くは，「農民」地域で（またはそのために）かつて手に入れられたと独特な食品である。農業へ向かう傾向は，農民の食料は，そして新奇の「クオ

p.681 リティ」フードは，恵まれた消費者にとっての「ニッチ」食品以外の何物でもなくなったことを意味している。

歴史的カテゴリーとしての農民

　バーンスタインが過去についてはっきりと強調していたことは，将来についてもそうでなければならない。資本によって開かれてしまった閉鎖系循環という意味での農耕への**復帰**は，ローカルであることも伝統的である必要もない。ポスト工業化時代の（そしておそらくはポスト資本主義）の農耕は，どこでもすなわち先進国でも途上国でも，農業や都市の周辺に生まれつつある。それは地球科学（時には識字者ではない実務者の間でも）や情報技術によって知られ，世界各地の多数の農業者がその先駆者になっている。知識集約型の農耕は，一部は，有意義かつ連帯的で，疎外されない労働のより幅広い（再）発明である。らせん状のイメージは，循環型と累積型の組み合わせを表すことができるが，そこでは農耕が農業の過去であり将来の両方であり得るのであって，ただしそれは異なったものとしてである。

　バーンスタインは以下のことでは確かに正しい。すなわち，私たちが現在経験しているのは，経済的に「狭隘化する」資本主義以前の村落生活によって出現した「農村」と「農民」であるということである（Bernstein 2010, p.64）。しかし，それは，異なった複雑さが生まれる可能性のあることを認識していないように思われる。1500年以降の農村地域の人々の農耕は，資本によって無視されることで変わらなかった残余ではなく，人口，工業，囲い込まれた森林，農地，鉱山などの空間的に再編されたものの一部である。資

本主義的な回路に組み込まれるか，それによって周縁化されるかにしても，農民や農村地域は，生活様式全体を継承しているとは見難いのである。彼らの存在は，まずは植民地支配と，その後の資本主義市場を通じて，世界的規模で形成され，また再形成されてきた。したがって，**農民の諸歴史**は，単独のカテゴリーにまとめられると無視されることになる。しかしだからこそ，何らかの既存の状況から新たに可能性としては複雑な農村生活への多様なルートがあるのである（Van der Ploeg 2008）。北米で新たな物質的・社会的つながりのために金融依存を免れようとするのは，アフリカ，アジア，ラテンアメリカの孤立地域で，携帯電話を介して遠隔地との接続を増やそうとするのとは異なっている。

　農耕（および農業）の歴史（および将来の可能性）を理解する分析プロジェクトは，**食料主権の政治プロジェクト**とは区別されなければならない。食料主権プロジェクト（とくにビア・カンペシーナ）は，周縁化や恥辱の何世紀も千年後もの後に，発言権，尊敬，自治権を要求するという**農民**という言葉を取り戻すものである。それは，その「**旗**」のもとに多様な「**土地に結びついた人々**」をまとめるために，実際的な同盟関係を築いている。マクマイケルが論じているように（そして私が他の場所で論じたように），小規模農業者による自己表現は，農耕地域を支配する都市と，識字能力者が支配する知識からの周縁化の長い歴史からの脱却である[14]。バーンスタインの強調する周知の単純商品生産者と労働者が多様性を認めることは，農業者としての，さらに「農民」であるとしても，その肯定的かつアイデンティティの共有を主張することは，何らか新しく政治的にも意味のあることである。私たちはその結果，何が起こるのか，またそれがどれほど重要であるのかは知ることができない。最後の節では，分析対象を食品や農耕の内外で起こる他

14）以下のような例外がある。すなわち，米国や海外の開発における「家族農耕」（family farming）が冷戦時代のレトリックの一環として評価されたのは，ソビエト連邦の集団化との対抗関係で形成されたNATO同盟の農場政策によるものであった。

の変化にまで広げて論じることにする。

　農民の歴史──それゆえ彼らの将来──は多様かつ大きな作用力の両方を包含している。1960年代と70年代のエリック・ウルフの研究は，この論争の研究者たちによって無視されてきた。ウルフ（Wolf 1966）は，**農民を階級や国家の支配に関連する現代的な社会的カテゴリーだと定義する**ことによって，新たな分析方向を開いたのである。

　彼は主要な国民解放と反帝国闘争のすべてが農村の人々によって闘われたことを示すことによって政治分析を変えたのであって，それは彼が**20世紀**p.682 **の農民戦争**（Wolf 1969）と呼んだものである。最後に，ウルフ（2010［1982］）は文化や場の植民地転換がいかにヨーロッパにおける資本主義の発展を支えたかを示すことで，「（前もって）（ヨーロッパの）歴史をもたない人々」を取り戻し，相互に結びつけた。たとえば，奴隷制を基盤とする領域（米国）と農民の領域（インド，エジプト，スーダン）における綿花生産に関する彼の分析は，「産業革命」における綿織物（それは地方の伝統的な羊毛と亜麻に取って代わった）の台頭に対する解釈を変えたのである。

農耕には将来があるだろうか。循環，趨勢，物質的分析

　歴史的・自然的な循環というバーンスタインがフードレジーム分析から部分的に得たものは，彼の農業への転換傾向が必然的に（たとえ不均一であれ）農耕の置き換えだとする**傾向**をソフトなものにしている。たとえば，ふたつの「グローバリゼーション」期は，1947年から1973年にかけての国家規制の時期を挟んでいる。もちろん，「グローバル」支配が繰り返されるにつれて，２度目は異なったものであった。その名称が示すように，「新自由主義」は「自由主義」の初期と同じでもあり，異なってもいる（Orford 2015）。新自由主義政策は，自由主義政策が1846年（Friedmann 2015）に食料貿易の重商主義的規制を排除したのと同様に，1947 〜 1973年フードレジームの新重商主義政策を排除した。フードレジーム分析にとっては，それぞれの場での過去の循環が取り残した堆積物を介して，**集積した歴史**が循環を形成す

121

る。

　それぞれの場の遺産は，今度はそれぞれの循環をリードする特定の商品に
依存している。その物に焦点を当てることが，抽象化を通じてバーンスタイ
ンとマクマイケルを分かつことになる。かくして，1870 ～ 1914年にできた
主要小麦輸出地域は現在でも政治や利潤に影響を与えているのであって，た
とえ他の主要作物（たとえば，大豆，トウモロコシ，やし油，魚），他の用
途（たとえば保存性食品における代替可能な成分），そして他の農耕技術や
関係（巨大企業農場およびカンザス州サリーナのランド研究所（Jackson
1994）のような実験的プレーリー混合栽培の両方）に道を譲っているにもか
かわらずである（McDaniel 2005）。同様に，小麦食の選好は，小麦が世界
貿易の主要な商品ではなくなった後も長く続いた。フードレジーム分析が，
最終的に単一の資本主義的モノカルチャと工業的生活になる多くの多様な経
路の説明に過ぎないのではないのならば，バーンスタインとマクマイケルに
とって，特定の商品の物的，政治的，領域的側面は同等な問題となる（そし
てそれは有用となる可能性がある）。バーンスタインが彼の批判で主張した
ように，連続的な覇権主義的権力，植民地主義，ポスト植民地主義の歴史，
地理，反植民地主義抵抗のパターン，特定の商品の技術的変化が分析にとっ
て本当に重要であるとすれば，それらは資本主義農業部門に向かうグローバ
ルな傾向における変異以上のものでなければならない[15]。

　しかし，バーンスタインの農耕と「流過型農業」（flow-through agriculture）

---

15) そうでなければ，地理と歴史，権力と物質的関係は，ハムレットとしてでは
　　なく，ローゼンクランツとギルデンスターンとして持ち込まれる。つまり，
　　世界がランダムに見える小文字として，その行動が話の筋を決める主人公と
　　してではなくである。このような自己満足的かつヨーロッパ中心的な文学的
　　言辞を謝りたい。
　　（訳注：イギリスの劇作家T.ストッパードの戯曲『ローゼンクランツとギルデ
　　ンスターンは死んだ』（1967年初演）で，シェークスピアの『ハムレット』の
　　脇役2人を主人公に，自分の置かれている立場が理解できないふたりが，同
　　時進行している『ハムレット』の筋に翻弄されるさまを描いている。「ブリタ
　　ニカ国際大百科事典」より）

との生態学的対比は，崩された農耕と食料の社会的・自然的関係を再び結合させる可能性も指摘している（Duncan 1996）。崩れた循環を閉じるのは，単に「局地化された」過去を指すだけではなく，全世界的な，地方間がネットワークされた土地中心の未来の（可能性）をも指している。私は，このような生活様式は，腐朽しつつある資本主義社会の間隙に現れると主張しており（Wright 2010），——もしくは，おそらく衰退しつつある体制は資本主義システムの中で，もうひとつの自己再生が可能なものに置き換えられる運命にある。しかし，さまざまな出現しつつある慣行や関係は，資本によって開かれた社会的ないしは生態的循環における明確な分断とつながっている。そして，ロマンチックにも，工業的農業が「世界を養う」力があり，破壊された土壌循環を回復（または置き換え）させる能力があるという信仰は，さらにロマンチックである可能性が高い。先に論じたように，資本が生態的・社会的関係を再び安定化させうるであろうことは否定できないが，工業的農業だけが資本主義の間でも後でも可能であるというのは否定できることである。

　公的機関はいつもこれを知っている。1961年のアイオワ州立大学エクステンションセンターの研究からのこの報告を考えてみよう。この報告は，放牧から工場的養豚への移行について実証的に評価している。

　　　アイオワ州の調査結果での分娩数は，一般に屋内分娩に比べて母豚1頭・年間当たりの離乳豚数が少なく，飼料効率も良くない。しかし，アイオワ州養豚事業体記録の5年間の分析によれば，屋外分娩システムは固定費が低い結果，生産コストが低くなっている。屋外分娩は競争力のある戦略である。（Honeyman and Rousch 1961）

　養豚農業者（farmer）は，数十年にわたって豚工場から周縁化されてきた。集中化と少数への集積はどの資本主義セクターでもこのように作用するが，米国農業の一定の優位性は，豚にではなく飼料穀物を補助する農業政策のために大きくなったのである。資本にとってのこの優位性は，フードレジーム

p.683

分析によって記述された方法で輸出された。しかし，そうした補助金なしではそれは「競争的」ではなかった。生態学的かつ景観上の被害，動物の被害，屠場労働者の搾取が追加されれば，工業的畜産の利益を支える計算外のコストは急増する（Weis 2013）。

閉鎖系内循環型農耕の復活については，1世紀以上にわたる流過型農業を経験した後では，しっかりした関心と信念が現れる。複雑な金融・物流システムは，クロノンが「第二の（原始的）自然」と呼ぶものになりつつある[16]。しかし，工業的農業の中心地であるアイオワ州でさえ，農業者は壊れた循環を組み立てなおそうとしている。農業者は被覆作物や輪作放牧を採用して，商品化プロセスを逆転させている。この意味では，彼らは構造的には19世紀のアメリカ植民地への移住者が，イギリスの資本主義的農耕を単純な商品生産に置き換えることで成功を収めたのと似ている。しかし，この循環への回帰のなかで，農業者数の劇的な減少が起こっている。資本による障害を克服し，持続可能なやり方をうまく管理するには，都市の支援が必要である。資本主義的農業の無慈悲な行進から取り残された位置にある農業者は，時には資本主義的農業とよりうまくやり，もしくはそれから距離を置く必要がある。

---

16) このジャーナル（The Journal of Peasant Studies）の読者は，工業的農業の生態学的限界と農耕の（再）出現についての議論に精通しているので，この問題はここでは繰り返さない。新しい読者は，ワイス（Weis 2007, 2013）とファンデルプレフ（Van der Ploeg 2008, 2013）の著作に目を通されたい。私は，とくに効率性や金融現象の計量法を検討した長い節を除外した。重要点をときに見落とされかねないからである。私は，クロノン（Cronon 1991）の「第二の自然」の概念を出発点とするよう提案する。私はそれをマルクスの「商品物神崇拝」の概念の重要な対になるものと考えている。ただし彼はその研究で計量法を批判しないが，生産・貿易・人口・収量統計に直面した私たち皆が経験する混乱を理解するうえでの背景になるものである。生態経済学は，その他の学問分野のなかでは，この問題を取り上げている。クロノンは，資本が自然と社会の関係を混乱させるにつれて激増する複雑な物質・金融システムの起源がどこにあるかを示し，それぞれの混乱が新たな利潤機会を生み出すのだとしている。

124

　こうした事例は，バーンスタインの農耕から農業への単線型の軌道を複雑化するのであって，それがより少ない商品投入量への循環の回帰になるかもしれない——19世紀におけるグローバリゼーション第1段階では雇用労働者の削減，20世紀の第2段階では化学肥料や農薬の削減[17]。完全な商業的農業の商品投入材から**部分的に撤退する**ことは，企業と農業者を二元的な対立とするマクマイケルを困らせる。それはとくに米国政府（たとえば米国農務省の天然資源保全事業を通じて）による控えめな支援や，市場の部分的な再編，さらにとくに自治体や州政府によって調整されたクラウド・ファンディングなどの金融助成の存在である。これらの新しいタイプの協働は，村落や都市の種子保存ネットワークから，取引を組織化し，知識を共有するための情報技術の利用まで，創意的かつ実験的なものである。それに参加する知識人の役割は，現場，企業の取締役会，あらゆる規模の統治機関で起きていることを発見し，変化が「グリーン」フードレジームに変われるどうか，変われるならどのようにしてか，あるいは地球人類の生き方の画期的な転換につながるかどうかを評価することである。それは上のどちらでもないのか，両方であるのか。

結論：転換に関する議論の拡大

　私は，マクマイケルとバーンスタインの間の論争を，現在の転換の複雑さについての**議論**に方向づけようと試みた。この2人以外が議論に参加することができ，新しい参加者が加わって，それぞれが自分の考えを変える意志をもっていなければならない。私はこのコメントを書くための多くの草稿や議論を通して，考えを少し変えている。

　フードレジームの問題は，現在進行中の転換の可能性の分析に有用なのか。資本そのものが，食料と農耕/農業がより大きな資本主義的ダイナミクスにとっての有用なレンズを提供すると主張する必要性を失わせたのである。資

17）この点についてはサンドラーの理論的研究がある（Sandler 1994）

p.684

本自体が土地を再び中心に据え，食料を投資，投機，技術変化の主要セクターとした。今や，都市が社会と景観の中心的な存在であり，政治・経済，社会，技術の転換において，**どのように**，変化する階級や資本の部門的地域的諸組織が，食料，土地，農耕を変え，**どのように**，食料・農耕政策が，変化のより広い政治と交錯するかを問うことが重要である。

都市化した世界の農業転換

　農業者の新しい場所，新権力システム，新市場，新しい輸送と通信への適応性はとくにきわだった特徴である。食料と農耕の転換は，グローバル都市を含む広範な社会のグローバルな転換にともなう原因と結果に深く関わっている。農業者は，村落から遠隔の都市へ海を渡って移動し，送金するだけでなく，自分を引きつけた村に戻ることもあり，ときにはディアスポラ（訳注：元来はイスラエル以外のユダヤ人在住地域の意だが，著者は長年，国外離散・国外移住という意味で使っている。）で農業を始めることもある。家族が変わり，農場が変わり，景観が変わり，都市が変わる（Bosc et al. 2015）。

　農業者が適応を避けられない事実のひとつは，移住者が遠方から近くからやってくるグローバル都市がトップを占める，資本によって編成された都市の階層性である。スチール著の「**ハングリーシティ**」（Steel 2008）は，クロノンの農業史に対応するものである。すなわち，どのように食料が都市の経験との緊密性を失いつつも，都市形成には陰ながら意味をもっているかである。都市を中心とした食料移動は，都市を土台とする食料地域がどのようになっていくかを発見しつつあり，技能と忍耐力があり，農耕と都市間のギャップを克服する新たな政策領域となっている。これは，資本が都市不動産と農地投機の境界を不明瞭にし，住民にとっての場を混乱させることに対する民主的な対応である（Sassen 2010）。連帯グループや都市や町で形成される社会経済のイニシアチブは，仕事や生活の不安定さに対処するのに苦労しているが，同時に，共に生き，共に働くこと，庭園，農場，そしてそれに

p.685

126

従事する人々とつながる方法を考えだし，再発明している。

　米国の農民哲学者ベリー（Berry 1977）に刺激された実際的で知的な運動は，都市世界での良い農耕のための条件を復活させるという課題に取り組んでいる（Wirzba 2003；Friedmann 2012も参照）。これらの新しい「農業主義者」には，土地に根ざした社会的関係を理解し，それを土地とともに良い生活をするための中心的なものとして理解している都市住民と知識人が含まれる。農学の先駆者であるウェス・ジャクソン（McDaniel 2005）[18]，大規模穀作農業者であるフレッド・キルシェンマンと著作家バーバラ・キングソルバーは，そうした米国での新しい農業思想と実践を行っている。その他にも，海外を中心とした地域をまたぐネットワークができている。たとえば，イタリアに本拠を置くスローフード運動は，米国でスローマネー運動を刺激し，農業への新規参入投資のクラウド・ソーシングが組織され，同時に「横断的に規模を拡大したネットワーク」が構築されている（Rifkin 2014）。そのテラ・マードレ（訳注：2004年以来，２年に一度，世界のスローフードの活動家たちが集うイベント）の集会は，地域の農作物や料理を生き返らせ，資本からは見放されていても，もちろん，資金獲得に利用できる。ベイカー（Baker 2013）は，メキシコとカナダにおいて，都市と農村，さらに国境を越えて，食料システムのイノベーターの地域横断的なネットワークを調査している。私は，ふたつの刺激的な市民社会組織との協力を通じて，種子の多様性を保護強化する農業者と村民の地域横断的なネットワークを体験している[19]。

18）遺伝学者のウェス・ジャクソンは，**自然システム農業**における実験を行っている。この実験では，土壌の攪乱を最小限にするか，まったく耕起しないで食用穀物やマメ科作物を生産することができる永年草地を作るためのかなり無理なプロジェクトが焦点である。彼はカンザス州サリーナにあるランド研究所の創設者で，土壌，種子，その他の農耕の自然的側面を尊重することからはじめて大量の食料を生産しようと，科学者と農民の協力のホスト役である（Jackson 1994；McDaniel 2005）。https：//landinstitute.org 2015年12月22日アクセス

シューマッハー（Schumacher 1973）は，別の流れの中で，**適切な技術を**含む，世界中の実験，アイデア，制度を刺激してきた。インド，英国等々では，土地中心の生活のための実験や教育，支援を行うセンターがつくられている。イノベーションには，適切な技術，マーケティング，通貨，金融，ガバナンスが含まれる。すなわち，農耕世界で複雑な動きがあるなかでの，広範な社会的・技術的側面である。コミュニティのイノベーションは，農業界では頻繁である。これらは，あらゆるものと同様に，かつてはロマンチックかつ反近代主義者，そして現代に対する自然主義的反発といった暗い影を持っている[20]。しかし，これらの哲学者実践者はまた，復活した頑固という落とし穴を避けるために重要な，アグラリアン（農業主義者）になるという感情的かつ精神的側面を育んでいる。

　このことは，変化する世界において農耕の理解を広げ，複雑なものと見るともに，見方を変える余地が非常に大きいことを示唆している。「家族農耕（family farming）」は，たとえば，2014年の国連家族農業年を通じて，政治と政策に復帰した。ボスク（Bosc et al., 2015）が提供しているのは，家族構造や農耕システムが変化し，さらに家族農耕がより幅広い経済諸力や，人口移動，労働力の流れ，そして政治諸機関を通過するにつれての交差点を探求する経験的に洗練された一連の研究である。そうした研究は，農業者を均

p.686

19）USC-カナダは，現場で種子の多様性を守ろうと活動している組織である。すなわち，世界の多くの地域での農業者や園芸家による種子保護活動を支援している。また，トロント種子ライブラリーはオキュパイ・トロントの一部であるオキュパイ・ガーデンの支所ライブラリーである。種子ライブラリーは，北米全域にある公共ライブラリーといろいろな関連性をもって存在している。トロント公共ライブラリーで成功し，熱心な種子ライブラアンが生まれることが期待されている。

20）たとえば「血と土」イデオロギーの人種差別主義者である。1990年代のはじめに，私は，評判の同僚から，自然と社会の循環に戻ることを主張して，ファシストのような響きがあると告発されたことがある。それは，とくに1920年代と30年代の自然主義的理念の危険な歴史を調べることを私に奨励し，自律性と自給自足性ということにサバイバル訓練主義者と人種差別主義者の解釈があることに気づかされた。

128

質かつ限界的なものとする落とし穴を避けることで，一般化と特異性とを組み合わせている。農場，家族，個人は順応し，行動を通じて複数の規模で存在する構造を変える。農民（peasant）研究が直面する複雑な課題は，特定の用語へのこだわりが政治的に限定される可能性があることを示唆している。「食料主権」という用語は，新自由主義の枠組みに対する「対抗的な枠組み」として広く受け入れられているが（Fairbairn 2012），現実の変化に適応する限り，農耕と食料の変化のすべての道筋を包含するわけではなく，その中にはかなり古いものもある。自己組織化された土地と食料（そして他の多くのもの）に対するより深い探求は，転換過程で非常に長く，非常に深いことが判明するであろうさまざまな文脈で多くの表現を見つけ続けるであろう。

転換──議論の拡大

　フードレジーム論や新たなアグラリアンとの議論がほとんどない転換に関する豊富な文献が出現している。社会技術転換モデル（Geels 2002）を適用した研究は，フードレジームの転換のために取り入れられた統合比較法の回復に役だつ可能性がある。ポスト資本主義の転換に関する諸著作はこれまで食料と土地を無視してきたがゆえに，今や食料研究に含めるのに機が熟している（Mason 2015; Rifkin 2014；Benkler 2006）。フードレジーム論の見通しが引き続いて有用であるかどうかは，それが情報ネットワークの仮想的な共通点や，本来的かつ永続的なコモンにおける都市を基盤にした分かち合い経済──人間グループがいっしょに住んでいる──の場の中に根づかせることができるかどうかにかかっている。

　ゲールズ（Geels 2002）は，ほぼ50年にわたる「社会技術転換」に関する主要なアナリストである。彼は，安定したシステム（「レジーム」）が，内からの「ニッチ」と外からの「景観」（landscape）の不安定性によってどのように影響を受けるかを問題にしている。ニッチは，新しいことをするための新しいことや，古いことをするための新しい方法として現れる。景観（「状況」（context）やより大きなシステム，あるいは「全体性」を意味するため

に比ゆ的に用いられる）が比較的安定している場合，ニッチはレジームの改革の源泉となり，吸収されたり，消滅したりする。景観が不安定になり，古いレジームが損なわれ，一部のニッチが新たなレジームに移行すると，転換が起こる可能性がある。このような視点は，目的論を拒否する。その代わりに，それは複数の起こりうる結果をレジームの機能不全として観察するための体系的な方法を生み出すが，弁護も可能である。それは，統合比較法を具体化する。

　ゲールズの帆船から蒸気船への長い移行についての事例では，帆船システムの各要素がすでに他の要素なしではどのように手段を提供することが不可能であったか，また，古い帆船システムの固定された要素から各要素がどのようにして巨大な課題に直面したかを示すことから始められる。イギリスの法律や慣行は，長い間，帆船に関連して進化してきた。こうした状況では，蒸気船輸送に必要な新しい法律や慣行，すなわち石炭や鉄鋼の供給源，港湾，熟練労働者，信用，標準時刻表などをつくる必要があった。組織のイノベーションは，蒸気船輸送の出現に先行する必要があり，それを支援する状況がなくても，自立的に行われる必要があったのである。統合され特異的に管理された貿易会社は，定期性と予測可能性を通じて調整されたのであって，専門的輸送業には，仲買業務，保険，卸売，広告，商法，通信，商業旅客旅行などの新たに専門化された機能を必要とし，それぞれが相互に依存していた。技術革新は，常に新しい問題（エンジンの振動にどう対処するか）をもたらしたが，それらは今日の情報技術や遺伝技術の革新とよく似た複雑なものであった。蒸気船と帆船が古い貿易ルートや港湾で競争するにつれて，新しい地理的領域が拡大した。一方，蒸気船を収容するための新しい施設が作られ，帆船にだけ対応できた古い施設が周縁化された。国際的な対立は，逆説的に非協調的な国家行動の収斂につながった。つまり，イギリスの郵便補助金は蒸気船貨物を奨励したが，競合するアメリカの蒸気船はイギリスの重商主義的巡視船を避けるためにスピード重視で設計された。さらに，他の社会技術的転換に典型的なパターンとしては，帆船から蒸気船への転換は，終局のと

p.687

130

ころ帆船の活躍によって何度も中断された。それらはとくに1890年代の小麦貿易で引き延ばされた——これは私が初期の研究で遭遇した事実であるが，どのように解釈すればよいかわからなかったことであった。

　これが，フードレジーム転換の分析のための，イノベーション，紛争，および複数の軌道の歴史に対するこのアプローチの重要性を示唆するのに十分であることを願っている。たとえば，現在のフードレジームの金融的および環境的状況は非常に不安定であるが，まだ未知の方法で安定化する可能性がありえよう。フードレジームのなかで生まれつつあるニッチの一部は，以前の保全耕作（conservation tillage）や現在の気候に優しい農業（climate-smart agriculture）のような改革として吸収される可能性がある。しかし，一部のニッチは，おそらく「ライフサイエンス統合」レジーム（Lang and Heasman 2015）であるような新たなフードレジームにちりばめられる可能性がある。たとえば，保全耕作は現在のところレジーム改革であるが，混合穀物とマメ科植物の多年生草地の創出にそれが使われれば，新たな農耕レジームにいっしょに集合する他のニッチ実験との相乗効果を見出す場合には，その代わりに／また，転換の一部となる可能性がある。多くのニッチが死滅し，旧体制で吸収されたり，新しい体制の一部になったりするにつれて，すべてが変化するであろう。

　転換研究は，企業や政府が下からのイノベーションを選んで適応し，見込みのある実験が失敗するにつれて，フードシステムがあらゆる場所で明白に創造され活かされるという組み合わせを観察するのに役立つ[21]。この自由

21）たとえば，大豆ベースの肉代替品は，菜食主義企業や公的機関によって支持され，明らかに品質が良くなっている。最新のものは，肉屋でも使える十分に小さな機械と温度管理での生産も可能にしているかもしれない。試作品は，一部はクラウド・ファンディングを利用した公的研究施設によって作成されている。多くのイノベーションと同様に，トウモロコシ補助金がトウモロコシ単作に，それが集約的畜産に，さらに大豆単作につながったことが，地元の商店からの菜食主義代替物につながるという形式化が可能な歴史に位置づけることが重要である（Krintiras 2016参照）。

な歴史的解釈は，広々とした将来がどうなるかを観察する能力を高める。た
とえば，1890年代に英領インド・パンジャブ州が米国の主要な小麦輸出競争
相手であったこと，あるいは1914年以前はその力は輸入国（英国）にあった
が，1945年以降には輸出国（米国）にあって，今日では，明らかに変わりよ
うのない関係と力に魅了されるといった可能性は低い。統合比較法によって，
いくつかのイノベーションがどのように生き残り，変化する力の状況に適応
するか，そして新しいシステムに収斂する可能性のある方法がどうかの調査
を導くことができる。それは望ましくはあるが，必然的に単にもうひとつの
もので，それが持続可能というものでもない。

　資本主義から他の何かへの転換は，特定のレジームよりもずっと深刻なも
のであって，それは500年前の封建主義から資本主義への転換に匹敵する。
ムーア（Moore 2015）を顕著な例外として，ポスト資本主義の将来という
可能性の解釈においては，食料や土地をほとんど考慮していないが——それ
を深化させる機は熟している。メイソン（Mason 2015）は，転換に関心の
ある者にとっては読む価値のある著者である。彼は，豊かで協同の「ポスト
資本主義」の将来の可能性を示すために，無視され，抑圧されてきたマルク
スとマルクス主義者の議論を再生させた。情報技術は，ほとんどの仕事に
取って代わることができる。その導入を制約しているのは，主として，安価
な労働に資本がより価値を認めていることにある。超搾取と不安定な雇用が
過去の諸権利に取って代わったのは，資本が外部委託工場をつくり，政府が
組合を攻撃し，社会法を骨抜きにしたからである。したがって，メイソンが
1980年代に熟練機械工として行った作業が，今日，ロボットによって，はる
かに精密かつ無駄が少なく，指を事故で失わないように行われている。メイ
ソンにとっては，抵抗は無益であるだけでなく，望ましくもない。彼は古く
汚く，退屈かつ危険な仕事をロボットから取り戻すことを望んではいない。
それは擁護する価値がないのであって，その代わりに，機械（最終的に）は，
シェアされた裕さ（plenty）という可能性の実現を可能にするのである。

p.688　マルクスは，資本主義的「生産力」が最終的には豊かな世界を可能にする

132

だろうと主張した。このよく知られた議論は，20世紀に主にレーニンの，社会主義はソ連邦＋電気だという見解に引き継がれた。すなわち，労働者による既存の工場の支配であった。メイソンの重要な著作は，19世紀以来のマルクス主義のあまり知られていないが，重要な流れを受け継いでいる。それが主張しているのは，資本主義が工場の規律をしっかり受け入れるように人間の性質を変えたというマルクスの議論である。それは，管理者の指揮で専門的な仕事を繰り返し遂行することが強制されることで，人間を労働者に変えることに能力を絞り込んだ。

　その意味で，自由とは，今こそ能力を拡大するという人間性のいまひとつの再編をともなうのである。利潤の支配から解放されること，マルクスが「退屈な労働の強制」と呼んだものは，人間の創造性，欲求，才能の豊かな展開に道を譲ることができる。資本家は，人間労働と機械の相対的な市場価格を計算するので，機械を買うよりも，より安く，より長時間あるいはもっといつでも働かせることができれば，資本は技術の進歩に抵抗するだろう。しかし，機械は労働の負担を軽減することができる。資本が人を機械に置き換えるならば，結果は失業である。しかし，これは機械採用が民主的に決定されれば，変わることである。人間が，人間にとってどんな仕事がいいのか，何をするための機械を持つ（あるいは作る）のかを決定するレジームのもとでは，機械は抑圧から解放へと変化する。機械化できない仕事を最小化し，シェアすることができる。人間の本性は，ひとたび工場や官僚主義による決まりきった日常の仕事から解放されれば，創造的な表現や社会性に向かって発展することができる。

　同時に，メイソンの分析は，マルクスの土地，農耕，食料に対する評価を，いかなる社会にとっても基本的なものとして取り戻すことにも役立つであろう。マルクス（Marx 1845）の自由と創造性に関するビジョンは，著しくアグラリアンのものであった。

　　共産主義社会では，誰も排他的な活動領域を持っておらず，それぞれ

が自分の望む分野で活動できる。社会は生産全体を規制しており，それゆえ，私は今日にはひとつの，明日にはもうひとつのことをやるのであって，午前には狩猟，午後には魚釣り，夕には放牧，夕食後には批評論文を書くなど，猟師，漁師，羊飼い，批評家になることなく，心に浮かんだことをやれるのである。

1890年——社会主義論争がロシア革命によって激化するはるか以前のことであり，その後に起こったことはすべて——マルクス主義の立場にたった活動家のウィリアム・モリスは，『どこからでもないニュース』と呼ばれる社会主義ユートピアを書いた。そして，それは，豊かさを基礎にした共有権を想定したものであった。お金は必要なかった。ほとんどの仕事は遊び，美しさ，社会的協同や事業を含んでいたので，人々はほんの数時間働き，ほとんど楽しみのためだけに働いていた。マルクスより一世代若いウィリアム・モリスは，説得力のあるマルキストで初期のイギリス社会主義活動家だった。時間を超越した彼が初めて出会ったのは，テームズ川を漕ぐ船頭であって，かつて工業都市ロンドンのはずれにあってひどく汚れていたテームズ川は，モリスが大切にしていた自然の美しさを取り戻していた。船頭と時間超越者のモリスが出会うすべての人たちは，個性的で美しい服装をしている。モリスと船頭マルクスがいっしょに現れるたびに，食事が準備されシェアされる。パイプが欲しいときには，美しく彫られたものだけが提供される。ポケットにコインが入っているのを見つけると，歴史の授業でお金のことを聞いたことはあるものの，それがどのように機能するのか，なぜそれが使われるのかわからない若者たちを煙に巻く。つまり，だから，それはすべての仕事に関わることであり，喜んでやることである。また，自分の仕事を他人に提供することは喜ばしいことである。人生，労働，芸術はひとつだ。古い制度，工場や議会といったものは，再利用されるか解体された。男女は互いに尊重しあい，同じように自由であると生き生き描かれており，それはビクトリア朝時代においては人を驚かせるものであった。ビクトリア朝時代のイギリスの

農業労働者の悲惨な状況を考えると，驚くべきことに社会主義のユートピアでは，農業労働者は小麦の収穫に参加することが唯一の仕事であるということである。私たちの時間超越者モリスと船頭マルクスは，冗談を言ったり遊んだりするグループといっしょに道具を手にして屋外で働き，夕方には，きれいな建物で，おいしい食べ物，音楽，ダンスで楽しむのである。

p.689

　今日，多くの人々は，現在の技術は古いものの拡張以上のものだと主張している。コンピュータは，技能，知識，能力を創造し，開発する（潜在的に）人すべての能力を強化している。彼らは有益なものを作ったり，何かを学んだりする際の協力を可能にする。メイソンは，広まった経済（distributed economies）や科学の先駆者たちの多くに支持されている。彼らは，技術がまったく中立的ではないことを私に確信させてくれる。新しい技術は以前と同じように利潤率を低下させるが，今度は，**資本なしで人々が生産できる新しい能力**を生み出す。ますます多くの人々が，これまでほど高価ではなく，小型で，かつてなく高度なコンピュータを使って，新製品や新しい欲望（selves）を生み出すことができる。もちろん，すべての新製品や新しい欲望が，新しい人間の能力を反映しているわけではない（私はインターネットのダークウェブを知っている）。しかし，これらは，人間の創造性や協働の新たな段階のための，新しい耳慣れない言葉の中でのプラットフォームである。そして，技術が変化するために，工場や国家機関を掌握し，民主化するという旧来の考え方がどのようなものになるかさえ想像できない。時間超越者モリスは1890年に，このすべてが古いシステムの暴力的な転覆と，それに続く100年にわたる自由な人間の進化によってもたらされると先達から学んでいる。今や，機械自体の進化が人間の自然や社会の進化を可能にしている（しかし，まったく不可避だということではない）。

　メイソンは豊かさの可能性がどのように実現できるかについては明らかにしていない。リフキン（Rifkin 2014）は，同じことについて異なった意見である。彼は「資本主義の没落」を，通信，エネルギー，「ものづくり」（三次元印刷）といった新技術が利潤をゼロにすることによるものと予測している。

これは，もちろん，「創造的な共有」を制限する知的財産やアイデアの自由な流れを制限する国家安全保障といった希少性の法的強制によって，不当に終わらせられるかもしれない。同様の独裁的な統制が，自由エネルギーやモノづくり能力を打ち負かす可能性がある。ネットワークの共有は，資本主義的搾取のもうひとつの試みとして参加者の柔軟な労働力を搾り取る民間企業にすでに引き継がれている。しかし，シェアする経済と協働的コモンのすべての要素は，実験があり原型が存在する。それらは，政府がインフラに投資する（そして，通信，物流，エネルギーといった古いインフラへの投資をやめる）場合に限り，自由で豊かな社会に位置づけることができる。しかし，リフキンはこの点を発展させてはいないが，公共分野におけるこの役割は，ようやく積極的な政治的プロジェクトを提供することになる。政府が，過去に集中したこの3つの要素——死滅しつつあるレジームにおける石油，電話，自動車，道路——のインフラに投資したように，新しいインフラを支える政治的要求は，すべての人々のために豊かな世界を創造するために協力しようとする人々を一体化させるかもしれない。

　これらの議論に参加することで，食料と土地をめぐる政治の範囲を広げ，資本主義社会全体における技術と階級の両方を含めるような農業変革の分析を深めることができるだろう。私は，これらのアイデアの概要を提案することができるだけで，発見すべきことはたくさんある。ここで私の長い寄稿を終えることにする。議論を続けましょう。

【開示説明書】
著者による潜在的利益相反は報告されなかった。

【著者紹介】
　ハリエット・フリードマンは，トロント大学国際研究センターの社会学名誉教授であり，ハーグ社会研究所の客員教授である。彼女の社会科学分野の出版物は，とくにフィリップ・マクマイケルとともに開発したフードレジー

ム・アプローチや，最近では，都市地域間の食料流通から生物圏，民族圏に
至るまで，幅広い食料システムの変革と新たなガバナンスに関するものなど，
食料と農業のいくつかの側面に及んでいる。現在のプロジェクトは「グロー
バルな食料の政治エコロジー」（Global Political Ecology of Food）である。
フリードマンは，1990年代にトロント公衆衛生部のトロント食品政策審議会
の議長を務め，現在では3期目の審議員である。彼女は，いくつかの食料，
農業，グローバル・チェンジに関する専門ジャーナルの編集委員会や，世界
中の「Seeds of Survival」プロジェクトの中で小規模農家を支援している
USC-Canadaの取締役会，そして，国際都市食料ネットワークのトロント・
シード・ライブラリーにも参加している。彼女は，米国社会学会の世界シス
テム研究セクションの政治経済学会長を務め，IAASTDグローバル・レポー
トに参加した。カナダ食料学会から2011年生涯功績賞を受賞している。
www.harrietfriedmann.ca

［村田 武 訳］

文献リスト

Abergel, E.A.（2011）Climate-ready crops and bio-capitalism: Towards a new food regime?' *International Journal of Sociology of Agriculture and Food* 18, no.3, pp.260-274.

Agarwal, B.（2014）Food sovereignty, food security and democratic choice: Critical contradictions, difficult conciliations. *The Journal of Peasant Studies* 41, no.2, pp.1247-1268.

Aglietta, M.（1979）*A theory of capitalist regulation*. London: New Left Books.（ミシェル・アグリエッタ（2000）『資本主義のレギュラシオン理論―政治経済学の革新―』（若松章孝・山田鋭夫・大田一廣・海老塚明訳）大村書店.）

Akram-Lodhi, A. H.（2015）Accelerating towards food sovereignty. *Third World Quarterly* 36, no.3, pp.563-583.

* Akram-Lodhi, A. H. and C. Kay（2009）The Agrarian question: peasants and rural change, A. H. Akram-Lodhi and C. Kay eds., *Peasants and Globalization: Political Economy, Rural Transformation and the Agrarian Question*, Abingdon, Routledge, pp.3-34.

Altieri, M.（1987）*Agroecology: The scientific basis of alternative agriculture.* Boulder, CO: Westview Press.

Anderson, D. M.（1984）Depression, dust bowl, demography and drought: The colonial state and soil conservation in East Africa during the 1930s, *African Affairs* 83, no.332, pp.321-344.

Andrée, P., J. Ayres, M.J. Bosia, and M.-J. Massicotte eds.（2014）*Globalization and food sovereignty: Global and local change in the new politics of food*, Toronto: University of Toronto Press.

Araghi, F.（1995）Global depeasantization, 1945-1990. *The Sociological Quarterly* 36, no.2, pp.337-368.

Araghi, F.（2000）The great global enclosure of our times: Peasants and the agrarian question at the end of the twentieth century, F. Magdoff, J.B. Foster and F.H. Buttel eds., *Hungry for profit*, New York: Monthly Review Press, pp.145-160.（F・アラーギ（2004）「現代の世界的大囲い込み―２０世紀末の農民・農業問題」F・マグドフ、J.B.フォスター、F・Hバトル編『利潤への渇望―アグリビジネスは農民・食料・環境を脅かす』中野一新監訳、大月書店、pp.173-193.）

Araghi, F.（2003）Food regimes and the production of value: Some methodological issues. *The Journal of Peasant Studies* 30, no.2, pp.41-70.

Araghi, F.（2009a）The invisible hand and the visible foot: Peasants, dispossession and globalization, A.H. Akram-Lodhi and C. Kay eds., *Peasants and globalization, political economy, rural transformation and the agrarian question*, London: Routledge, pp.111-147.

Araghi, F. (2009b) Accumulation by displacement, global enclosures, food crisis, and the ecological contradictions of capitalism, *Review* 32, no.1, pp.113-146.

Arrighi, G. (1978) *The geometry of imperialism*, London: New Left Books.

Arrighi, G. (2010 [1994]) *The long twentieth century. Money, power and the origins of our times*, London:Verso. (ジョバンニ・アリギ (2009)『長い20世紀 : 資本、権力、そして現代の系譜』(土佐弘之監訳) 作品社.)

Arrighi, G., and J.W. Moore. (2001) Capitalist development in world historical perspective, R. Albritton, M. Itoh, R. Westra, and A. Zuege eds., *Phases of capitalist development. Booms, crises and globalizations*, London: Palgrave, pp.56-75.

Badgley, C., J. Moghtader, E. Quintero, E. Zakem, M.J. Chappell, K. Aviles-Vazquez, A. Samulon, and I. Perfecto. (2007) Organic agriculture and the global food supply, *Renewable Agriculture and Food Systems* 22, no.2, pp.86-108.

Baglioni, E., and P. Gibbon. (2013) Land grabbing, large- and small-scale farming: What can evidence and policy from 20th century Africa contribute to the debate? *Third World Quarterly* 34, no.9, pp.1558-1581.

Baines, J. (2015) Fuel, feed and the corporate restructuring of the food regime, *The Journal of Peasant Studies* 42, no.2, pp.295-321.

Banaji, J. (2010) *Theory as history. Essays on modes of production and exploitation*, Leiden and Boston: Brill.

Basole, A., and D. Basu. (2011) Relations of production and modes of surplus extraction in India: Part I- agriculture, *Economic & Political Weekly* 46, no.14, pp.41-58.

Baker, L. (2013) *Corn meets maize: Food movements and markets in Mexico*, Lanham: Rowman & Littlefield Publishers, Inc.

Benkler, Y. (2006) *The wealth of networks: How social production transforms markets and freedom*, New Haven: Yale University Press.

Bernstein, H. (1979) Concepts for the analysis of contemporary peasantries, *The Journal of Peasant Studies* 6, no.4, pp.421-444.

Bernstein, H. (1986) Capitalism and petty commodity production. A.M. Scott ed., Rethinking petty commodity production, *Special Issue series of Social Analysis*, pp.11-28.

Bernstein, H. (1996/1997) Agrarian questions then and now, *The Journal of Peasant Studies* 24, no.1-2, pp.22-59.

Bernstein, H. (2003) Land reform in Southern Africa in world-historical perspective, *Review of African Political Economy* 30, pp.203-226.

Bernstein, H. (2009a) V.I. Lenin and A.V. Chayanov: Looking back, looking forward, *The Journal of Peasant Studies* 36, no.1, pp.55-81.

* Bernstein, H. (2009b) Agrarian questions from transition to globalization, A. H. Akram-Lodhi and C. Kay eds., *Peasants and Globalization: Political Economy, Rural Transformation and the Agrarian Question*, Abingdon, Routledge, pp.239-261.

Bernstein, H. (2010) *Class dynamics of agrarian change*, Halifax, NS: Fernwood. (ヘンリー・バーンスタイン著・渡辺雅男監訳 (2012)『食と農の政治経済学――国際フードレジームと階級のダイナミクス――』桜井書店.)

Bernstein, H. (2013) Historical materialism and agrarian history, *Journal of Agrarian Change* 13, no.2, pp.310-329.

Bernstein, H. (2014) Food sovereignty via the 'peasant way': A sceptical view. *The Journal of Peasant Studies* 41, no.2, pp.1031-1063.

Bernstein, H. (2015) Some reflections on agrarian change in China, *Journal of Agrarian Change* 15, no.3, pp.454-477.

Bernstein, H. (2016) Agrarian political economy and modern world capitalism: The contributions of food regime analysis, *The Journal of Peasant Studies* 43, 3.

Bernstein, H., and T. J. Byres. (2001) From peasant studies to agrarian change, *Journal of Agrarian Change* 1, no.1, pp.1-56.

Bernstein, H., and C. Oya. (2014) Rural futures: How much should markets rule? http://www.iied.org/seven-papers-unpick-debates-african-agriculture-rural-development. (accessed on August 5, 2021)

Berry, W. (1977) *The unsettling of America: Culture & agriculture*, San Francisco: Sierra Club Books.

Beverly, J. (2004) Subaltern resistance in Latin America: A reply to Tom Brass, *The Journal of Peasant Studies* 31, no.2, pp.261-275.

Blesh, J., and S. Wolf. (2014) Transitions to agroecological farming systems in the mississippiriver basin: Toward an integrated socioecological analysis, *Agriculture and Human Values* 31, pp.621-635. doi:10.1007/s10460-014-9517-3

Borras, S. M. (2004) La Vía Campesina. An evolving transnational social movement, *TNI Briefing Series*, No. 6, Amsterdam: Transnational Institute.

Borras, S. M., and J. Franco. (2012) A 'Land Sovereignty' alternative? Towards a peoples' counterenclosure, *TNI Agrarian Justice Programme Discussion Paper*, July.

Borras, S. M. Jr, J. Franco, S. Gómez, C. Kay, and M. Spoor. (2012) Land grabbing in Latin America and the Caribbean, *The Journal of Peasant Studies* 39, no.3-4, pp.845-872.

Bosc, P.-M., et al. (2014) *Diversité des agricultures familiales: Exister, se transformer, devenir*, Paris: Librairie Quae.

Bové, J., and F. Dufour. (2001) *The world is not for sale*, London: Verso. (ジョゼ・ボヴェ、ランソワ・デュフール著・新谷淳一訳 (2001)『地球は売り物じゃない!―ジャンクフードと闘う農民たち』紀伊國屋書店.)

Brautigam, D. and H. Zhang. (2013) Green dreams: Myth and reality in China's agricultural investment in Africa, *Third World Quarterly* 34, no.9, pp.1676-1696.

Bunker, S., and D. O'Hearn. (1993) Strategies of economic ascendants for access to raw materials: Acomparison of the U.S. and Japan, R.A. Palat ed., *Pacific Asia and the future of the world system*, Westport, CT: Greenwood Press.

Burawoy, M. (2010) From Polanyi to Pollyanna: The false optimism of global labor studies, *Global Labour Journal* 1, no.2, pp.301-313.

Burawoy, M. (2011) On uncompromising pessimism: Response to my critics, *Global Labour Journal* 2, no.1, pp.73-77.

Busch, L., and A. Juska. (1997) Beyond political economy: Actor networks and the globalization of agriculture, *Review of International Political Economy* 4, no.4, pp.688-708.

Bush, R. (2010) Food riots: Poverty, power and protest, *Journal of Agrarian Change* 10, no.1, pp.119-129.

Chayanov, A. V. (1966) *The theory of peasant economy*, D. Thorner, B. Kerblay and R.E.F. Smith eds., Homewood, IL: Richard Irwin for the American Economic Association, (first published 1925). (アレクサンドル・V・チャーヤノフ (1957)『小農経済の原理』(磯辺秀俊・杉野忠夫訳) 大明堂.)

Claeys, P. (2015) *Human rights and the food sovereignty movement: Reclaiming control*, London & New York: Routledge.

Clapp, J. (2012) *Food*, Cambridge: Polity Press.

Clapp, J. (2014) Financialization, distance and global food politics, *The Journal of Peasant Studies* 41, no.5, pp.797-814.

Cotula, L., C. Oya, E. A. Codjoe, A. Eid, M. Kakraba-Ampeh, J. Keeley, A. L. Kidewa, et al. (2014) Testing claims about large land deals in Africa: Findings from a multi-country study. *Journal of Development Studies* 50, no.7, pp.903-925.

Cribb, J. (2012) Farm clearances at tipping point, *The Sydney Morning Herald*, July 23, Available at: http://www.smh.com.au/federal-politics/farm-clearances-at-tipping-point-20120722-22hwp.html (accessed on August 5, 2021)

Cronon, W. (1991) *Nature's metropolis. Chicago and the Great West*, New York:

W. W. Norton.

Crosby, A.W. (1986) *Ecological imperialism. The biologcal expansion of Europe 900-1900*, Cambridge: Cambridge University Press. (アルフレッド・W・クロスビー (2017)『ヨーロッパの帝国主義―生態学的視点から歴史を見る―』(佐々木昭夫訳) 筑摩書房.)

Da Vía, E. (2012) Seed diversity, farmers' rights, and the politics of repeasantization, *International Journal of Sociology of Agriculture and Food* 19, no.2, pp.229-242.

Daviron, B., and P. Gibbon, ed. (2002) Global commodity chains and African export agriculture, *Special issue of Journal of Agrarian Change* 2, no.2.

Daviron, B. and S. Ponte. (2005) *The coffee paradox: Global markets, commodity trade and the elusive promise of development*, London: Zed Books.

Davis, M. (2006) *Planet of slums*, London: Verso. (マイク・デイヴィス (2010)『スラムの惑星―都市貧困のグローバル化―』(酒井隆史監修・篠原雅武・丸山里美訳) 明石書店.)

Davis, W. (2009) *The wayfinders: Why ancient wisdom matters in the modern world*, Toronto, ON: Anansi.

De Schutter, O. (2011) The World Trade Organization and the post-global food crisis agenda, Briefingz Note 04. Rome: FAO.

De Schutter, O., and S. Gliessman. (2015) Agroecology is working - but we need examples to inspire others, *Food Tank*, 17 September. available at: http://unctad.org/en/pages/PressReleaseArchive.aspx?ReferenceDocId=3607 (accessed on August 5, 2021)

Desmarais, A.A. (2007) *La Vía Campesina. Globalization and the power of peasants*, Halifax: Fernwood Press.

Desmarais, A.A. (2015) The gift of food sovereignty, *Canadian Food Studies* 2, no.2, pp.154-163.

Dixon, J. (2009) From the imperial to the empty calorie: How Nutrition Relations Underpin Food Regime Transitions, *Agriculture and Human Values* 26, pp.321-333.

Dixon, M. (2014) The land grab, finance capital, and food regime restructuring: The case of Egypt, *Review of African Political Economy* 41, no.140, pp.232-248.

Duncan, C.A.M. (1996) *The centrality of agriculture: Between humankind and the rest of nature*, Montreal: McGill-Queens University Press.

Duncan, C.A.M. (1999) The centrality of agriculture: History, ecology, and feasible socialism, L. Panitch and C. Leys eds, *The Socialist Register 2000*, London: Merlin Press, pp.187-205.

Duncan, J. (2015) *Global food security governance*, New York: Routledge.

Edelman, M.（2013）Messy hectares: Questions about the epistemology of land grabbing data, *The Journal of Peasant Studies* 40, no.3, pp.485-501.

Edelman, M.（2014）Food sovereignty: Forgotten genealogies and future regulatory challenges, *The Journal of Peasant Studies* 41, no.2, pp.959-978.

ETC.（2009）Who Will Feed Us? *ETC Group Communiqué 102.* Available at www.etcgroup.org.

Fairbairn, M.（2012）Framing resistance: International food regimes and the roots of food sovereignty, A.Desmarais, N.Wiebe and H.Wittman eds., *Food sovereignty in Canada*, Halifax, N.S.: Fernwood, pp.16-32.

Fairbarn, M.（2014）"Like gold with yield": Evolving intersections between farmland and finance, *The Journal of Peasant Studies* 41, no.5, pp.777-795.

Folke, C., S.R. Carpenter, B. Walker, M. Scheffer, T. Chapin, and J. Rockström.（2010）Resilience thinking: Integrating resilience, adaptability and transformability, *Ecology and Society* 15, no.4: 20. www.ecologyandsociety.org/vol15/iss4/art20/

Fonte, M.（2013）Food consumption as social practice: Solidarity purchasing groups in Rome, Italy, *Journal of Rural Studies* 32, pp.230-239.

FoodSecure Canada（2015）*Resetting the Table - A People's Food Policy for Canada, 2nd Edition*, Ottawa: FoodSecure Canada. At http://foodsecurecanada. org/resettingthetable（Accessed 9 February 2016）

Foster, J.B.（2000）*Marx's ecology. Materialism and nature*, New York: Monthly Review Press.（ジョン・B・フォスター（2004）『マルクスのエコロジー』（渡辺景子訳）こぶし書房.）

Friedmann, H.（1978a）Simple commodity production and wage labour in the American plains, *The Journal of Peasant Studies* 6, no.1, pp.71-100.

Friedmann, H.（1978b）World market, state and family farm: Social bases of household production in the era of wage labour, *Comparative Studies in Society and History* 20, no.1, pp.545-586.

Friedmann, H.（1980）Household production and the national economy: Concepts for the analysis of agrarian formations, *The Journal of Peasant Studies* 7, no.2, pp.158-184.

Friedmann, H.（1982）The political economy of food: The rise and fall of the post-war international food order, *American Sociological Review* 88 annual supplement: S248-S286.

Friedmann, H.（1987）The family farm and the international food regimes, T. Shanin ed., *Peasants and peasantsocieties, 2nd ed*, Oxford: Basil Blackwell, pp.247-258.

Friedmann, H.（1991）Changes in the international division of labor: Agri-food complexes and export agriculture, W. Friedland, L. Busch, F. Buttel and A. Rudy eds., *Towards a new political economy of agriculture*, Boulder, CO: Westview, pp.65-93.

Friedmann, H. (1993) The political economy of food: A global crisis, *New Left Review* 197, pp.29-57. (ハリエット・フリードマン (2006)「食料の政治経済学―グローバルな危機―」『フード・レジーム―食料の政治経済学―』(渡辺雅男・記田路子訳) こぶし書房、pp.13-61.)

Friedmann, H. (2000) What on earth is the modern world-system? Foodgetting and territory in the modern era and beyond, *Journal of World-Systems Research* 6, no.2, pp.480-515.

Friedmann, H. (2004) Feeding the empire: The pathologies of globalized agriculture, L. Panitch and C. Leys eds., *The Socialist Register 2005*, London: Merlin Press, pp.124-143.

Friedmann, H. (2005) From colonialism to green capitalism: Social movements and emergence of food regimes, F.H. Buttel and P. McMichael eds., *New Directions in the Sociology of Global Development*, Elsevier, pp.227-264. (ハリエット・フリードマン (2006)「植民地主義からグリーン・キャピタリズムへ―社会運動とフード・レジームの形成―」『フード・レジーム―食料の政治経済学―』(渡辺雅男・記田路子訳) こぶし書房、pp.62-123.)

Friedmann, H. (2009) Discussion: Moving food regimes forward: Reflections on symposium essays, *Agriculture and Human Values* 26, pp.335-344.

Friedmann, H. (2011) Food sovereignty in the golden horseshoe region of Ontario, H. Wittman, A.A Desmarais, N. Wiebe eds., *Food sovereignty in Canada*, Halifax, NS: Fernwood, pp.169-189.

* Friedmann, H. (2014) Food Regimes and Their Transformation, *Food Systems Academy-Transcript*, Food Systems Academy http://www.foodsystemsacademy. org.uk/audio/harriet-freidmann.html (accessed on August 5, 2021)

Friedmann, H. (2015) Agriculture and the Social State: Subsidies or Commons?, *Journal of International Law and International Relations* 11, no.2, pp.117-130.

Friedmann, H., and P. McMichael. (1989) Agriculture and the state system: The rise and decline of national agricultures, 1870 to the present, *Sociologia Ruralis* 29, no.2, pp.93-117.

Friedmann, H., and A. McNair. (2008) Whose rules rule? Contested projects to certify "local production for distant consumers, *Journal of Agrarian Change* 8, no.2-3, pp.408-434.

Gana, A. (2012) The rural and agricultural roots of the Tunisian revolution: When food security Matters, *International Journal of Sociology of Agriculture and Food* 19, no.2, pp.201-213.

Geels, F.W.（2002）Technological transitions as evolutionary reconfiguration processes: A multi-level perspective and a case-study, *Research Policy* 31, pp.1257-1274.

Gibbon, P., and S. Ponte.（2005）*Trading down: Africa, value chains, and the global economy*, Philadelphia: Temple University Press.

Gleissman, S.R.（2007）*Agroecology: The ecology of sustainable food systems*, Boca Raton, FL: CRC Press.

Goodman, D.（1997）World-scale processes and agro-food systems: Critique and research needs, *Review of International Political Economy* 4, no.4, pp.663-687.

Goodman, D., and M. Watts.（1994）Reconfiguring the rural or fording the divide? Capitalist restructuring and the global agro-food system, *The Journal of Peasant Studies* 22, no.1, pp.1-49.

Goodman, D., and M. Watts.（1997）Agrarian questions: Global appetite, local metabolism: Nature, culture, and industry in Fin-de-siècle agro-food systems, D. Goodman and M. Watts eds., *Globalizing food: Agrarian questions and global restructuring*, London: Routledge, pp.1-32.

Goody, J.（1982）*Cooking, cuisine and class, a study in comparative sociology*, Cambridge: Cambridge University Press.

Hall, D.（2012）Rethinking primitive accumulation: Theoretical tensions and rural southeast Asian Complexities, *Antipode* 44, no.4, pp.1188-1208.

Hansen-Kuhn, K., and S. Suppan.（2013）*Promises and perils of the TTIP. Negotiating a transatlantic agricultural market*, Minneapolis: Institute for Agriculture and Trade Policy and Berlin: Heinrich Böll Foundation.

Hart, A.K., P. McMichael, J.C. Milder, and S.J. Scherr.（2015）Multi-functional landscapes from the grassroots? The role of rural producer movements, *Agriculture and Human Values*, doi:10.1007/s10460-015-9611-1

Harvey, D.（2003）*The new imperialism*, Oxford: Oxford University Press.（デービッド・ハーヴェイ（2005）『ニュー・インペリアリズム』（本橋哲也訳）青木書店.）

Harvey, D.（2005）*A brief history of neoliberalism*, Oxford: Oxford University Press.（デヴィッド・ハーヴェイ（2007）『新自由主義─その歴史的展開と現在』（渡辺治・森田成也・木下ちがや・大屋定晴・中村好孝訳）、作品社.）

Harvey, D.（2011）*The Enigma of capital*, Oxford: Oxford University Press.（デヴィッド・ハーヴェイ（2012）『資本の〈謎〉世界金融恐慌と21世紀資本主義』（森田成也・大屋定晴・中村好孝・新井田智幸訳）作品社.）

Honeyman, M.S., and W. Rousch.（1998）Outdoor pig production: A pasturefarrowing herd in western Iowa, Iowa State University Extension ASL-R1498. http://www.extension.iastate.edu/Pages/ansci/swinereports/asl-1498.pdf (accessed December 16, 2015).

IAASTD (International Assessment of Agricultural Knowledge, Science and Technology for Development) (2008) *Executive summary of the synthesis report.* Available at: www.agassessment.org/docs/SR_Exec_Sum_280508_English.pdf.

Isakson, S.R. (2014) Food and finance: The financial transformation of agro-food supply chains, *The Journal of Peasant Studies* 41, no.5, pp.749-775.

＊磯田宏（2016）『アグロフュエル・ブーム下の米国エタノール産業と穀作農業の構造変化』筑波書房。

＊磯田宏（2019）「新自由主義ローバリゼーションと国際農業食料諸関係再編」、田代洋一・田畑保編『食料・農業・農村の政策課題』筑波書房、pp.41-82。

Jackson, W. (1994) *Becoming native to this place*, Lexingon K.Y.: University Press of Kentucky.

Jansen, K. (2015) The debate on food sovereignty theory: Agrarian capitalism, dispossession and Agroecology, *The Journal of Peasant Studies* 42, no.1, pp.213-232. doi:10.1080/03066150.2014.945166

Kerssen, T.M. (2012) *Grabbing power. The new struggle for land, food and democracy in Northern Honduras*, Oakland: First Food Books.

Krasner, S. (1993) Structural causes and regime consequences: Regimes as intervening variables, S. Krasner, ed., *International regimes*, Ithaca: Cornell University Press, pp.1-22.（スティーヴン・D・クラズナー（2010）「構造的原因とレジームの結果：媒介変数としてのレジーム」スティーヴン・D・クラズナー編『国際レジーム』（河野勝訳）勁草書房，pp.2-27.）

Krintiras, G.A., J.G. Diaz, A.J. van der Goot, A.I. Stankiewicz and G.D. Stefanidis. (2016) On the use of the Couette Cell technology for large scale production of textured soy-based meat replacer, *Journal of Food Engineering*, 169, pp.205-213.

Lang, T. and M. Heasman. (2004) Food wars: *The global battle for mouths, minds and markets,1st ed*, London: Earthscan. ティム・ラング，マイケル・ヒースマン（2009）『フード・ウォーズ—食と健康の危機を乗り越える道—』（古沢広祐・佐久間智子訳）コモンズ.）

Lang, T., and M. Heasman. (2015) Food wars: *The global battle for mouths, minds and markets. 2nd ed,* London: Earthscan.

Le Heron, R. and N. Lewis. (2009) Discussion. Theorising food regimes: Intervention as politics, *Agriculture and Human Values* 26, pp.345-349.

Lenin, V.I. (1964) Imperialism, the highest stage of capitalism, *Collected Works*

Volume 22, Moscow: Progress Publishers (first published 1916). (レーニン (1956)『帝国主義―資本主義の最高発展段階としての―』(宇高基輔訳) 岩波書店.)

Lerche, J. (2013) The agrarian question in neoliberal India: Agrarian transition bypassed? *Journal of Agrarian Change* 13, no.3, pp.382-404.

Levidow, L. (2015) European transitions towards a corporate-environmental food regime: Agroecological incorporation of contestation? *Journal of Rural Studies* 40, pp.76-89.

Li, T.M. (2014) *Land's end. Capitalist relations on an indigenous frontier*, Durham, NC: Duke University Press.

Li, T.M. (2015) Can there be food sovereignty here, *The Journal of Peasant Studies* 42, no.1, pp.205-211.

Lohmann, L. (2003) Reimagining the population debate, *The Corner House, Briefing* 28. Available at:thecornerhouse.org

Magnan, A. (2012) Food regimes, J.M. Pilcher ed., *The Oxford handbook of food history*, Oxford: Oxford University Press, pp.370-388.

Mamdani, M. (1996) *Citizen and subject: contemporary Africa and the legacy of late colonialism*, Princeton, N.J.: Princeton University Press.

Mann, A. (2014) *Global activism in food politics. Power shift*, Houndsmill: Palgrave Macmillan.

Martinez-Alier, J. (2002) *The environmentalism of the poor. A study of ecological conflicts and valuation*, Cheltenham: Edward Elgar.

Marx, K. (1845) *The German ideology*. (カール・マルクス、フリードリヒ・エンゲルス (1974)『ドイツ・イデオロギー』(廣松渉訳) 河出書房新社.)

Marx, K. (1973) *Grundrisse*, New York: Vintage. (カール・マルクス (1958)『経済学批判要綱』(高木幸二郎監訳) 大月書店.)

Mason, P. (2015) *Postcapitalism: A guide to our future*, London: Allen Lane. (ポール・メイソン (2017)『ポストキャピタリズム：資本主義以後の世界』(佐々とも訳) 東洋経済新報社.)

Massicotte, M.-J. (2014) Beyond political economy: Political ecology and La Vía Campesina's struggle for food sovereignty through the experience of the Escola Latinoamericana de Agroecologia (elaa), Brazil, P. Andreé, J. Ayres, M. Bosia, and M.-J. Massicotte eds., *Globalization and food sovereignty*, Toronto: University of Toronto Press, pp.255-287.

McDaniel, C.N. (2005) Nature as measure, Wes Jackson and agriculture. ch.3, D. Foreman, W. Jackson, H. N-Hodge, W. Fornos, H. Daly, S. Schneider, and D. Orr eds., *Wisdom for a livable planet: The visionary work of Terri Swearingen*, San

Antonio: Trinity University Press.

McKeon, N. (2014) *The new alliance for food security and nutrition: A coup for corporate capital?* Amsterdam: Transnational Institute.

McKeon, N. (2015a) *Food security governance. Empowering communities, regulating corporations*, London & New York: Routledge.

McKeon, N. (2015b) The "peasants' way" to changing the system, not the climate, *Journal of World-Systems Research* 21, no.2, pp.241-249.

McMichael, P. (1990) Incorporating comparisons within a world-historical perspective: An alternative comparative method, *American Sociological Review* 55, no.3, pp.385-397.

McMichael, P. (1997) Rethinking globalization: The agrarian question revisited, *Review of International Political Economy* 4, no.4, pp.630-662.

McMichael, P. (1999) The global crisis of wage-labour, *Studies in Political Economy* 58, pp.11-40.

McMichael, P. (2002) La Restructuration Globale des Systems Agro-Alimentaires, *Mondes en Developpment* 117, no.117, pp.45-54.

McMichael, P. (2005) Global development and the corporate food regime, F.H. Buttel and P. McMichael eds., *New directions in the sociology of global development*, Amsterdam: Elsevier, pp.265-299.

McMichael, P. (2006) Feeding the world: Agriculture, development and ecology, L. Panitch and C. Leys eds., *The socialist register 2007*, London: Merlin Press, pp.170-194.

McMichael, P. (2008) The peasant as "Canary" ? Not too early warnings of global catastrophe, *Development* 51, no.4, pp.504-511.

McMichael, P. (2009a) A food regime analysis of the 'world food crisis', *Agriculture and Human Values* 26, pp.281-295.

McMichael, P. (2009b) Banking on agriculture: A review of the World Bank's World Development Report (2008), *Journal of Agrarian Change* 9, no.2, pp.235-246.

McMichael, P. (2009c) Food sovereignty, social reproduction and the agrarian question, A. H. Akram-Lodhi and C. Kay eds., *Peasants and globalization. Political economy, rural transformation and the Agrarian question* London & and New York: Routledge, pp.288-311.

McMichael, P. (2009d) A food regime genealogy, *The Journal of Peasant Studies* 36, no.1, pp.139-169.

McMichael, P. (2010a) Agrofuels in the food regime, *The Journal of Peasant Studies* 37, no.4, pp.609-629.

148

McMichael, P.（2010b）Food sovereignty in movement, H. Wittman, A. A. Desmarais and N. Wiebe eds., *Food sovereignty. Reconnecting food, nature and community*, Halifax & Winnepeg: Fernwood Press, pp.168-185.

McMichael, P.（2012a）The 'land grab' and corporate food regime restructuring, *The Journal of Peasant Studies* 39, no.3-4, pp.681-701.

McMichael, P.（2012b）In the short run are we all dead? A political ecology of the development climate, R. Lee ed., *The Longue Dureé and World-Systems Analysis*, Albany: SUNY Press, pp.137-160.

McMichael, P.（2012c）*Development and social change: A global perspective*, Thousand Oaks, CA: Sage.

McMichael, P.（2013a）*Food regimes and agrarian questions*, Halifax, NS: Fernwood.

McMichael, P.（2013b）Value-chain agriculture and debt relations: Contradictory outcomes, *Third World Quarterly* 34, no.4, pp.671-690.

McMichael, P.（2013c）Land grabbing as security mercantilism in international relations, *Globalizations* 10, no.1, pp.47-64.

McMichael, P.（2014a）The food sovereignty lens, P.Andreé, J. Ayres, M. Bosia, and M.-J eds., *Globalization and food sovereignty*, MassicotteToronto: University of Toronto Press, pp.345-63.

McMichael, P.（2014b）Historicizing food sovereignty, *The Journal of Peasant Studies* 41, no.6, pp.933-957.

McMichael, P.（2015a）A comment on Henry Bernstein's way with peasants, and food sovereignty, *The Journal of Peasant Studies* 42, no.1, pp.193-204.

McMichael, P.（2015b）The land question in the food sovereignty project, *Globalizations* 12, no.4, pp.434-451.

McMichael, P., and D. Myrhe（1991）Global regulations vs the nation-state: Agro-food systems and the new politics of capital, *Capital and Class* 15, no.2, pp.83-105.

McMichael, P., and H. Friedmann（2007）Situating the 'retailing revolution', D. Burch and G. Lawrence eds., *Supermarkets and agri-food supply chains. Transformations in the production and consumption of foods*, Cheltenham, UK: Edward Elgar, pp.291-320.

Millennium Ecosystem Assessment（2005）*Ecosystems and human well-being*, Washington, DC: Island Press.（Millennium Ecosystem Assessment編・横浜国立大学21世紀COE翻訳委員会責任翻訳（2007）『国連ミレニアム エコシステム評価 生態系サービスと人類の将来』オーム社.）

Mintz, S. W.（1985）*Sweetness and power. The place of sugar in modern history*,

New York: Viking Penguin. (シドニー・W・ミンツ (2021) 『甘さと権力—砂糖が語る近代史—』(川北稔・和田光弘訳) 筑摩書房.)

Monsalve Suárez, S. (2013) The human rights framework in contemporary agrarian struggles, *The Journal of Peasant Studies* 40, no.1, pp.239-290.

Moore, J. W. (2010a) The end of the road? Agricultural revolutions in the capitalist world-ecology, 1450-2010, *Journal of Agrarian Change* 10, no.3, pp.389-413.

Moore, J. W. (2010b) Cheap food & bad money: Food, frontiers, and financialization in the rise and demise of neoliberalism, *Review* 33, no.2/3, pp.225-261.

Moore, J. W. (2011) Transcending the metabolic rift: A theory of crises in the capitalist world-ecology, *The Journal of Peasant Studies* 38, no.1, pp.1-46.

Moore, J. W. (2015) *Capitalism in the web of life: Ecology and the accumulation of capital*, London: Verso. (ジェイソン・W・ムーア (2021) 『生命の網のなかの資本主義』(山下範久監訳) 東洋経済新報社.)

Morris, W. (1890) *News from Nowhere.* https://www.marxists.org/archive/morris/works/1890/nowhere/nowhere.htm (accessed December 23, 2015) (ウィリアム・モリス (2013) 『ユートピアだより』(川端康雄訳) 岩波文庫.)

Muller, A. R., A. Kinezuka and T. Kerssen. (2013) The trans-pacific partnership: A threat to democracy and food sovereignty, *Food First Backgrounder* 19, no.2, pp.1-4.

Nesvetailova, A., and R. Palan. (2010) The end of liberal finance? The changing paradigm of global financial governance. Millennium, *Journal of International Studies* 38, no.3, pp.797-825.

Orford, A. (2015) Food security, free trade, and the battle for the state, *Journal of International Law and International Relations* 11, no.2, pp.4-65.

Osborne, T. M. (2011) Carbon forestry and agrarian change: Access and land control in a Mexican rainforest, *The Journal of Peasant Studies* 38, no.4, pp.859-883.

Otero, G. (2014) The neoliberal food regime and its crisis: State, agribusiness transnational corporations, and biotechnology, S.A. Wolf and A. Bonnano eds., *The neoliberal regime in the agri-food sector*, London and New York: Routledge/Earthscan, pp.225-244.

* Otero, G. (2018) *The Neoliberal Diet: Healthy Profits, Unhealthy People*, Austin: University of Texas Press.

Oya, C. (2013a) Methodological reflections on 'land grab' databases and the 'land grab' literature 'rush', *The Journal of Peasant Studies* 40, no.3, pp.503-520.

Oya, C. (2013b) The land rush and classic agrarian questions of capital and labour: A systematic scoping review of the socioeconomic impact of land grabs in Africa, *Third World Quarterly* 34, no.9, pp.1532-1557.

Oya, C., J. Ye, and Q. F. Zhang, eds. (2015) Agrarian change in contemporary China, *Special issue of Journal of Agrarian Change* 15, no.3.

Patel, R. (2006) International agrarian restructuring and the practical ethics of peasant movement solidarity, *Journal of Asian and African Studies* 41, no.1-2, pp.71-93.

Patel, R. (2007) *Stuffed and Starved: Markets, power and the hidden battle over the world's food System*, London: Portobello Books.（ラジ・パテル（2010）『肥満と飢餓—世界フード・ビジネスの不幸のシステム』（佐久間智子訳）作品社.）

Patel, R., and P. McMichael. (2009) A political economy of the food riot, *REVIEW XXXII*, no.1, pp.9-36.

Patnaik, R. (2008) The accumulation process in the period of globalisation, *Economic & Political Weekly* 28, pp.108-113.

van der Ploeg, J. D. (2008) *The new peasantries. Struggles for autonomy and sustainability in an era of empire and globalization*, London: Earthscan.

van der Ploeg, J. D. (2013) *Peasants and the art of farming. A Chayanovian manifesto*, Halifax, NS: Fernwood.

van der Ploeg, J. D. (2014) Peasant-driven agricultural growth and food sovereignty, *The Journal of Peasant Studies* 41, no.6, pp.999-1030.

van der Ploeg, J. D., Y. Jingzhong, and S. Schneider. (2012) Rural development through the construction of new, nested markets: Comparative perspectives from China, Brazil and the European Union, *The Journal of Peasant Studies* 39, no.1, pp.133-173.

Polanyi, K. (1944) The great transformation. New York: Farrar & Rinehart.（カール・ポラニー（2009）『大転換—市場社会の形成と崩壊—』（野口建彦・栖原学訳）東洋経済新報社.）

Pretty, J., and R. Hine. (2001) Reducing food poverty with sustainable agriculture: A summary of new Evidence, *Final report from the "SAFE World" Research Project*, University of Essex. www2.essex.ac.uk/ces/Fresearch Programmes/SAFEWexecsumm"nalreport.htm.

Pretty, J., A. D. Noble, D. Bossio, J. Dixon, R. E. Hine, F. W. T. Penning de Vries, and J. I. L. Morison. (2006) Resource conserving agriculture increases yields in developing countries, *Environmental Science & Technology* 40, no.4, pp.1114-1119.

Pretty, J. N., J. J. L. Morison, and R. E. Hine. (2003) Reducing food poverty by increasing agricultural sustainability in developing countries, *Agriculture,*

Ecosystems and Environment 95, pp.217-234.

Pritchard, W. (2009) Food regimes, R. Kitchin and N. Thrift eds., *The international encyclopedia of human geography*, Amsterdam: Elsevier, pp.221-225.

Pritchard, B. (2009) The long hangover from the second food regime: A world historical interpretation of the collapse of the WTO Doha Round, *Agriculture and Human Values* 26, pp.297-307.

Raikes, P. and P. Gibbon. 2000. 'Globalisation' and African export crop agriculture, *The Journal of Peasant Studies* 27, no.2, pp.50-93.

Ramachandran, V. K. 2011. The state of agrarian relations in India today, *The Marxist* 27, no.1-2, pp.51-89.

Ramachandran, V. K., and V. Rawal. (2010) The impact of liberalization and globalization on India's agrarian economy, *Global Labour Journal* 1, no.1, pp.56-91.

Razavi, S. (2009) Engendering the political economy of agrarian change, *The Journal of Peasant Studies* 36, no.1, pp.197-226.

Rifkin, J. (2014) *The zero marginal cost society: the internet of things, the collaborative commons, and the eclipse of capitalism*, New York: Palgrave MacMillan. (ジェレミー・リフキン (2015)『限界費用ゼロ社会〈モノのインターネット〉と共有型経済の台頭』(柴田裕之訳) NHK出版.)

Rist, L., L. Feintrenie, and P. Levang. (2010) The livelihood impacts of oil palm: Smallholders in Indonesia, *Biodiversity and Conservation* 19, no.4, pp.1009-1024.

Rizzo, M. (2009) The struggle for alternatives: NGOs' Responses to the World Development Report 2008, *Journal of Agrarian Change*, 9, no.2, pp.277-290.

Robbins, M. J. (2015) Exploring the 'localisation' dimension of food sovereignty, *Third World Quarterly* 36, no.3, pp.449-468.

Rosset, P., and M-E. Martinez-Torres. (2012) Rural social movements and agroecology: Context, theory and process, *Ecology and Society* 17, no.3. Available at: www.ecologyandsociety.org/vol17/iss3/

Sandler, B. (1994) Grow or die: Marxist theories of capitalism and the environment, *Rethinking Marxism* 7, no.2, pp.38-57.

Sassen, S. (2010) A savage sorting of winners and losers: Contemporary versions of primitive accumulation, *Globalizations* 7, no.1, pp.23-50.

Schneider, M. (2015) What, then, is a Chinese peasant? Nongmin discourses and agroindustrialization in contemporary China, *Agriculture and Human Values* 32, no.2, pp.331-346.

Schneider, M. and S. Sharma. (2014) *China's pork miracle? Agribusiness and development in China's pork industry*, Minneapolis and Washington: Institute for Agriculture and Trade Policy.

Schumacher, E. F.（1973）*Small is beautiful: Economics as if people mattered*, http://www.ditext.com/schumacher/small/small.html（accessed Dedember 22, 2015）(F・アーンスト・シューマッハー（1986）『スモール イズ ビューティフル』（小島慶三・酒井懋訳）講談社.)

Shepard, W.（2015）*Ghost cities of China*, London: Zed Books.

Standing, G.（2011）*The Precariat: The new dangerous class*, London & New York: Bloomsbury Academic.（ガイ・スタンディング（2016）『プレカリアート―不平等社会が生み出す危険な階級』（岡野内正訳）法律文化社.)

Steel, C.（2008）*Hungry city: How food shapes our lives*, London: Chatto & Windus.

Stoler, A.（1985）*Capitalism and confrontation in Sumatra's Plantation Belt*, New Haven and London: Yale University Press.

Yale University Press, pp.1870-1979.（アン・ストーラー（2007）『プランテーションの社会史―デリ/1870-1979―』（中島成久訳）法政大学出版局。※原著第二版（1995年出版）邦訳）

Taparia, H., and P. Koch.（2015）Real food challenges the food industry, *The New York Times*, November 8, 4.

Teubal, M.（2009）Peasant struggles for land and agrarian reform in Latin America, Akram-Lodhi and C. Kay eds., *Peasants and globalization. Political economy, rural transformation and the Agrarian question* London & and New York: Routledge, pp.148-166.

Tilly, C.（1984）Big structures, large processes, huge comparisons. New York: Russell Sage Foundation.

Tomlinson, I.（2011）Doubling food production to feed the 9 billion: A critical perspective on a key discourse on food security in the UK, *Journal of Rural Studies* xxx, pp.1-10.

Tomlinson, I.（2013）Doubling food production to feed the 9 Billion: A critical perspective on a key discourse of food security in the UK, *Journal of Rural Studies* 29, pp.81-90.

Trujillo, A. G.（2015）The hefty challenges of food sovereignty's adulthood - synthesis paper, *Canadian Food Studies* 2, no.2, pp.183-191.

UNCTAD.（1996）UNCTAD and WTO: a common goal in a global economy, *UNCTAD Press Release*, 7 October. Available at: http://unctad.org/en/pages/PressReleaseArchive.aspx?ReferenceDocId=3607

Vanhaute, E.（2008）The end of peasantries? Rethinking the role of peasantries in a world-historical view, *REVIEW XXXI*, no.1, pp.39-60.

Vía Campesina. (1996) Tlaxcala Declaration of the Vía Campesina, *Proceedings of the II International Conference of the Vía Campesina*, Brussels: NCOS Publications.

Vía Campesina. (2010) Peasant and family-farm-based sustainable agriculture can feed the world, *Vía Campesina Views*, Jakarta, September.

Wallerstein, I. (1974) *The capitalist world economy*, New York: Cambridge University Press. (イマニュエル・ウォーラーステイン (1987) 『資本主義世界経済1—中核と周辺の不平等』(藤瀬浩司・金井雄一・麻沼賢彦訳) 名古屋大学出版会.)

Wallerstein, I. (1983) *Historical capitalism*, London: Verso. (イマニュエル・ウォーラーステイン (1997) 『史的システムとしての資本主義』(川北稔訳) 岩波書店. ※原著増補版 (1995年出版) 邦訳)

Weis, T. (2007) *The global food economy: The battle for the future of farming*, Halifax, NS: Fernwood Publishing.

Weis, T. (2010) The accelerating biophysical contradictions of industrial capitalist agriculture, *Journal of Agrarian Change* 10, no.3, pp.315-341.

Weis, T. (2013) *The ecological Hoofprint. The global burden of industrial livestock*, London: Zed Books.

Wilkinson, J., J. W. J. Valdemar, and A.R.M. Lopane. (2015) Brazil, the Southern cone, and China: The agribusiness connection, *BRICS Initiative for Critical Agrarian Studies* (BICAS) *Working Paper* 16.

Winders, B. (2009) The vanishing free market: The formation and spread of the British and US food Regimes, *Journal of Agrarian Change* 9, no.3, pp.315-344.

Winders, B. (2012) *The politics of food supply. US agricultural policy in the world economy. 2nd ed*, New Haven: Yale University Press.

Winson, A. (2013) *The industrial diet [electronic resource] : The degradation of food and the struggle for healthy eating*, Vancouver: UBC Press.

Winters, L. A. (1990) The road to Uruguay, *Economic Journal* 100, no.403, pp.1288-1303.

Wirzba, N. (2003) The essential agrarian reader, Lexington K.Y.: University Press of Kentucky.

Wise, T. (2015) Two roads diverged in the food crisis: Global policy takes the one more travelled, *Canadian Food Studies* 2, no.2, pp.9-16.

Wolf, E. (1966) *Peasants*, Englewood Cliffs, N.J.: Prentice-Hall. (エリック・R.ウルフ (1972) 『農民』(佐藤信行・黒田悦子訳) 鹿島出版会.)

Wolf, E. (1969) *Peasant wars of the twentieth century*, NY: Harper & Row.

Wolf, E. (2010 [1982]). *Europe and the people without history*, Berkeley: University of California Press.

Woodhouse, P. (2010) Beyond industrial agriculture? Some questions about farm size, productivity and sustainability, *Journal of Agrarian Change* 10, no.3, pp.437-453.

Wright, E.O. (2010) *Envisioning real utopias*, London: Verso.

Yan, H., and Y. Chen. (2015) Agrarian capitalization without capitalism? Capitalist dynamics from above and below in China, *Journal of Agrarian Change* 15, no.3, pp.366-391.

Zhang, Q.F. (2015) Class differentiation in rural China: Dynamics of accumulation, commodification and state intervention, *Journal of Agrarian Change* 15, no.3, pp.338-365.

Zhang, Q.F., C. Oya, and J. Ye. (2015) Bringing agriculture back in: The central place of agrarian change in rural China studies, *Journal of Agrarian Change* 15, no.3, pp.299-313.

IV
監訳者解説

磯田 宏

1．フードレジーム論とはどのような分析枠組みか[1]

（1）フリードマンとマクマイケルによる基礎概念の提示と2つの歴史段階

　フードレジーム（以下，FR）論は，農業・食料の生産，貿易，消費にまたがる国際的な諸関係（国際分業，その担い手，制度など）の生成，構造，展開，危機や変遷・交代を，19世紀後半以降の世界資本主義の基軸的諸国・地域における，あるいは主要な蓄積体制の，歴史段階的な特質との照応性において分析する国際的な農業食料政治経済学の有力な研究潮流の一つである。それを最初に明確で一貫した枠組みとして示したのが，本訳書の第2論文と第3論文の著者二人によるFriedmann and McMichael（1989）にほかならない。まずそれによるFR論の枠組みを要約しておくと，以下のようになる。

　すなわち同論文は，レギュラシオン理論の支配的蓄積・調整諸様式でもって資本主義転形の諸時代を区分するという枠組みを援用する。19世紀後半の支配的資本主義は外延的蓄積様式をとり，賃労働の量的増大をつうじて資本制生産様式を構築していった。それが20世紀半ばには，「賃金上昇と生産性上昇の契約」というフォード主義的調整に体現される，労働者の消費拡大を市場的基盤にする消費諸関係の資本蓄積過程への結合という内包的蓄積様式を特徴とするものに転形されていた（同前，p.95；McMichael 1991, p.75）

　農業食料部門（その生産，流通・加工，貿易，消費にまたがる諸過程）は，こうした異なる蓄積様式を支えるべくそれに照応した国際的諸関係に編成されるというのが，FRの基礎概念である。すなわち，第1FR（1870〜1914

1）本節は，磯田（2016）の第1章と磯田（2019）で行なったフードレジーム論のレビューをもとに，一定の加除をおこないつつ要約したものである。

年）とは，アメリカを典型とする家族農場によって生産された植民者農業輸
出産品（settler agricultural exports，小麦と食肉）という賃金財の低廉な
価格での輸出が，中心部である西ヨーロッパの，繊維産業を基軸とする産業
資本による世界市場への外延的生産規模拡大を，多数の安価賃労働の利用面
から支える，という関係を中軸としていた。またこの時代の植民地農業が，
砂糖，植物油，バナナ，コーヒー，茶，煙草などの労働者消費用熱帯農産品
および綿花，木材，ゴム，藍などの工業原料熱帯農産品を中心部ヨーロッパ
に輸出して，資本蓄積を支えるもうひとつの軸になっていた。以上の第1
FRはイギリス覇権とその下での金本位・兌換国際通貨制度を基盤としてお
り，イギリス覇権型蓄積体制照応型とも言える。

　第一次～第二次大戦期は，世界経済史的にブームとその崩壊による世界大
恐慌，金本位国際通貨制度の崩壊と各国的管理通貨制度およびケインズ主義
的財政介入国家への移行，ブロッキズムによる世界貿易の分断化の時代だが，
Friedmann（2014）は「第一次大戦による貿易の中断，戦後農業不況・大恐
慌による第1FRの危機と世界農産物市場の崩壊」という「移行」期としてい
る。

　第二次大戦後に形成された第2FR（1945 ～ 1973年）とは，先進資本主義
諸国における内包的蓄積様式に照応した，国際農業食料諸関係である。ここ
でも複数の農業食料の国際分業・貿易関係＝商品連鎖が軸を構成するのだが，
その基礎的条件として重要な第一は，異常なまでの強力な国家保護（国家独
占資本主義）と，アメリカ覇権による世界経済の組織化（冷戦体制における
アメリカ資本主義の圧倒的覇権下で構築されたIMF・GATT体制）である。

　第二は，「農業の工業化」の進展，すなわち一方で農耕（farming）は工
業的な投入財とそれに必要な信用にますます依存するようになり，他方で農
産物はますます最終消費財としての食料から工業的加工製品の原料となるこ
と，生鮮農産物でさえ巨大企業の流通ネットワークへの投入財になることで，
「農業食料セクター」という統合されたセクターが形成されたことである。
このような農業投入財，農業，加工諸段階，流通・貿易諸段階が一つのセク

ターとして国境をまたいで統合されていることから，そうした農業食料の国際的産業連鎖は「複合体」（complex）と呼ばれた（Friedmann 1991, p.71）。第2FRを構成した農業食料の国際的生産消費諸関係は，3つの複合体である（Friedmann and McMichael 1989のほかFriedmann 1991）。

　第二次大戦後にアメリカ「援助」小麦が財政負担によって多数の旧植民地途上国に送り込まれ，後に商業輸出化するが，それは製粉業－製パン業－パン消費という産業連鎖・食料消費パターンのパッケージとして移植されたのである。かくしてアメリカ小麦生産を起点として援助先諸国へ（日本にも）越境的に形成されたのが，一つめの「小麦複合体」（wheat complex）である。

　二つめは「耐久食品複合体」（durable food complex）である。「耐久食品」とは，冷蔵，高速長距離輸送，加工，保存剤等による食品の長寿命化および冷蔵庫等の家庭耐久消費財の普及を物的基礎とした，すぐれて戦後的な加工・調理食品である。加えて重視されているのは，加工原料農産物の代替によって農産物貿易パターンが変えられたことである。

　すなわち甘味料と油脂はほとんどあらゆる加工食品の原料となるが，第1FR下では，それは主として甘蔗糖とパーム油という植民地熱帯産品が中心資本主義諸国に供給されていた。ところが，戦後の欧米における国家独占資本主義的農業政策によって自国内の甜菜糖と油糧種子が保護・増産され，それら旧植民地熱帯産品の代替原料になっていった。さらにアメリカで保護・増産されたトウモロコシから，亜硫酸浸漬法による澱粉質分離と酵素分解による糖化を大規模に行なう技術が確立・普及したことで，砂糖そのものが果糖・ブドウ糖という甘味料によって代替されるようになる。

　三つめは「集約的食肉複合体」（intensive meat complex）ないし「畜産・飼料複合体」（livestock/feed complex）である。この複合体形成の技術的・物的基礎であり前史となったのは，1930年代以降アメリカで推進されたハイブリッド・トウモロコシの開発・普及と大豆の増産（大戦で危ぶまれた熱帯産植物油代替と戦時食肉生産用大豆粕供給源），およびその戦時食肉供給政策として開発・奨励された，集約的で科学的に管理された連続的生産システ

ムとしての，工業的な家禽の育種と飼育である。これは飼料作物生産と家畜飼育とが切り離され，それが配合飼料産業を結節点に再統合されるシステムとして登場した。それが戦後，トウモロコシ・大豆生産がそれらに専門化した資本集約的耕種農業へ，また工業的家畜生産が肉豚，肉牛へと広がることによって，一大複合体を形成するにいたる。

　以上の三つの複合体を主な構成要素とする第２FRは，1970年代初頭から解体過程に入るが，その直接の契機と現象形態は，ソ連による穀物大量買付が引き起こした食料価格高騰，いわゆる「食料危機」である。

　こうして「食料危機」は，米欧農業の増産を刺激するとともに新興農業出諸国を台頭させることによって，1980年代の世界的農産物過剰と「貿易戦争」「貿易危機」へと転形され，それがまた第２FRを解体していった（Friedmann and McMichael 1989，Friedmann 1991に加えFriedmann 1993がこの解体過程を詳述している）。

（2）ポスト「第２フードレジーム」をめぐって

①フリードマンの「企業－環境フードレジーム」論

　しかし第２FR終焉後に，具体的に新たなFRが登場・成立したのか，したのならそれはいかなるものかについての議論は，収斂しないまま今日に至っている。そのうち本書の主題に重要と考えられる論点の提起を，以下に摘要・検討する。

　Friedmann（2005）は，既存FRに対する不満と要求，すなわち食料の安全性と健康への影響，環境問題，資源枯渇，動物福祉，途上国との交易上の懸念が，先進国の富裕消費者・市民から提起されるようになり，社会諸運動となったことを，あらたなFR形成の動態にとって中心的な契機と捉える。

　農業食料問題に限らず，第２FRが対応していた「フォード主義的」蓄積様式のもとで生じた環境諸問題等に対して，先進国等の消費者・市民の間から社会諸運動化された問題提起・要求のうちから，資本が市場機会と利潤拡大に適合的なあれこれの要素を選別的に横奪し（selectively appropriate），

159

それを新たな蓄積機会に転形する「グリーン・キャピタリズム」が台頭したとする（同前，pp.230-231）。ここで概念化される新たな「企業－環境FR」（corporate-environmental food regime）とは，それら諸「懸念」を選別的に横奪し，私的資本が再組織化した超国籍食料サプライチェーンを軸に形成されんとするFRである。

　こうしてフリードマンは，第2FR終焉後に登場しつつあるFRにおいて，①超国籍小売企業が主体となって編成し，国家・国際機関による「公的基準」「公的認証」をこえた私的「基準」「認証」によって統御する富裕消費者向け超国籍食料サプライチェーンが形成されたと同時に，②地球規模の貧困消費者向けに，遺伝子組み換え等のバイオテクノロジーやさらなる「農業の工業化」技術の進展を基礎として「高度に工学的に改変，変性，そして再構成された原料を含む標準化された可食諸商品edible commodities」を供給する，いま一種の超国籍食料サプライチェーンが併行して形成されたことも示唆した。つまり「階級的食生活class diets」とそれを支える複数のサプライチェーンに着目したのである。

　フリードマンはこれらを第3FRの成立とは呼ばないのだが，その重要な理由は，それが安定的な制度基盤を構築しえていないからだとした（この点で後にフリードマンは2005年から「企業FR」の「成立」を説くようなるマクマイケルとの間で「分岐・不一致」を遂げたと述懐している）。Friedmann（2009）では安定的な制度基盤の欠落として強大国家による覇権の不在を強調している。すなわち，第1FRはイギリス覇権の国際通貨制度的基盤として，金本位制が大英帝国とその世界システムを支え，その中で欧州の移民・作物・家畜・農法を「新世界」に移植することによってイギリス等欧州中核諸国に対する穀物・食肉等の輸出生産植民地化を可能にした。第2FRはアメリカ覇権のもとに構築され，第二次大戦後の同国過剰農産物を食料援助として動員することが基軸となっていたが，ブレトンウッズ体制がドル価値を一応安定させる国際通貨制度的基盤となっていた。

　しかし1971年の金・ドル交換停止を契機とするブレトンウッズ体制の崩壊

によって，アメリカによるドル濫発（＝ドル減価）に対する最終的歯止めが喪失し，国際金融市場が一挙に不安定時代に突入した。その後もアメリカは「基軸通貨特権」を行使し続けて財政赤字・経常赤字を膨張させ，「ドル体制」は明らかに不安定性を増している。こうした状況が続く限り，国際通貨体制の，したがってまたFRの不安定は続かざるを得ない（だから「成立」を言うことができない）とするのである（Friedmann 2009, p.339）。

②オセアニアの研究者達による展開の試み

　豪州，ニュージーランドの農業食料社会学・政治経済学の研究者ネットワークにおいても，フードレジーム論を積極的に継承・発展する試みがなされている。

　フリードマンの「企業－環境FR」論を展開したのがキャンベルである。すなわちCampbell（2009）は，「企業－環境FR」が，より持続可能で環境保護的な諸関係を達成できる基盤を持つかどうかを検討し，企業主導型世界的食料ガバナンスが生み出した供給源を無限に代替可能にして食料の地域的アイデンティティを押しつぶす「出所不明FR」（'Food from Nowhere' regime）よりも，富裕なヨーロッパ消費者市場ニッチ向けに巨大スーパーマーケットの戦略を軸として形成されてきた野菜・果実などの「出所判明FR」（'Food from Somewhere' regime）に，潜在的には新たな食料サプライチェーンを企図する社会運動にも有益となる可能性があるとした。それは，監視・検査・トレーサビリティとそれに基づく情報フローを有しているがゆえに，環境，食品安全，農業生産者状態等に関するシグナルやショック・脅威に対する，積極的で，過去や現在の他のフードレジームよりはるかに濃密なフィードバック機構を備えているからで，現実に合成化学薬品使用量を間違いなく削減してきたし，農業における土壌・エネルギー諸問題に対処するための強力なプラットフォームになっており，さらにカーボン・フットプリントやフードマイレージをも組み込みつつあるからだとされた。

　これに対しバーチとローレンスは，まずそうした巨大スーパーマーケット

へ支配力が移行してフレキシブル生産と広範囲で多様な食品の国際調達の中軸なっていることこそが「新自由主義フードレジーム」の新たな段階的特質とする，事実上の「第3FR＝グローバル・スーパーマーケットFR」説を打ち出した（Burch and Lawrence 2007）。その後Burch and Lawrence（2009）では，前著を新たなFRへの転形がいかにしてなされたかの理論構築に裏付けられていなかったと自省した上で，「資本主義の金融化」（financialization）が，資本蓄積の現代的・一般的特質になり，そのため金融資本が農業・食料部門M&Aを握ったり大規模農地投資を進めるなどでますます農業・食料システムに入り込み，他方で巨大アグリビジネス企業も自社（グループ）内に金融事業部門を創設・拡大するという両方向からの作用力によって，金融化された第3FRが構築されてきたとする。こうしたより上位スケールでの構造変化内部で，当面は巨大グローバル・スーパーマーケットが金融化のメリットを搾出するベストポジションにあるため，「ファーストフード対スローフード」，「有機対慣行」，「自然的対工業的」といった対抗的なフードシステムが並立しているのではなく，多様な消費者の要求にフレキシブルに対応しうる巨大グローバル・スーパーマーケット主導の単一のフードレジーム内部の構成要素でしかなくなっているとした。

③マクマイケルの「企業フードレジーム」2つの局面と食料主権運動

　いっぽうマクマイケルは，新たな（第3の）FRとして「企業FR」が成立したと主張してフリードマンと見解を分かった（McMichael 2005）。それはグローバル新自由主義とグローバル開発プロジェクトによって推進され，先進諸国による農業ダンピング輸出と債務諸国への構造調整プログラムの強制とWTO農業協定をテコにして構築された，「世界農業」（world agriculture）による農業・食料循環を原動力にするものとした。

　WTO農業協定による見せかけの先進国「農業市場開放」および「輸出補助金削減」と交換に，途上諸国は債務国構造調整プログラムと相まって，規制緩和・民営化を強いられ，多数の農民が収奪／非所有者化（dispossession）

によって農業から排除され，地域・国内食料供給体制も掘り崩された。その結果，農民は膨大な非正規労働者化・産業予備軍化され，規制緩和・民営化によって途上国へのアクセスが一層可能となり，また経済の金融化の下で急速に集中化した超国籍アグリビジネスが，「比較優位」部門へと特化して構築する「世界農業」への労働力給源となった。かくして選別されたグローバル消費者階級向けの企業主導型食料サプライチェーンが構築されたとされる。

　しかし企業FR下の「世界農業」軌道への強行的再編自体がそれへの対抗運動・言説として「食料主権」を必然的に生み出し，それを体現するものとしてビア・カンペシーナに代表される，分権化された農民・家族農業を基礎とした持続的で主として国内市場向けの農業食料生産と，そのような自己決定権を保障するために必要となる国家間，国民国家，地域，ローカルの各レベルにおける民主政治の回復・創出を主張し，かつ実践する運動を位置づけたところに最大の特徴があると言ってもよい。

　これらをふまえてMcMichael（2009）では，（ア）企業FRが1980年代〜1990年代と2000年代以降という２つの局面を経ていること，（イ）その第2局面において，企業FRが編成する「世界農業」の構造上で，アメリカとEUのそれに代表されるアグロフュエル政策，資本主義の金融化で膨大化した過剰貨幣資本の農産物・食料市場への投機的流入，同じく過剰貨幣資本を原資とする金融資本によるアグリビジネスのグローバル規模での統合・集中化（それによる独占価格設定力）が進展し，（ウ）それらが相まって，まさに「企業FR」の矛盾の産物として世界食料危機（特に2008年価格暴騰とそれによる食料不足人口の急増，それらに抗議する食料暴動）が作り出された，という把握へと展開した。

　フリードマンと分岐することになった覇権の把握については，企業FRは編成原理が以前と異なって帝国でも国家でもなく，「市場」（そこで主導権を握る超国籍企業と新自由主義）であるとする。とはいえ国家は依然として，「北」（先進諸国）における農業・アグロフュエル補助金と，「南」（途上諸国）に対してWTOルールやFTA等を通じて合法化し押しつけた農業自由化

とを結合して，現在のフードレジームを構造化している。ただし，今や国家が「市場」に奉仕しているのだとする（だからこそ「新自由主義FR」ではなく「企業FR」である，と）。

そして農産物・食料を組み込んだコモディティインデックス・ファンドが構築されて，それが投機対象商品化すると同時に，アグロフュエル・プロジェクト（国家と資本による食料と競合する作物起源の大規模工業的な燃料化）とそれを重要な契機とするランドグラブ（グローバル大規模農地・農業投資）が，金融危機における「資本の避難場所」となり資本蓄積の新たなフロンティアを創出した。これらによって企業FRがまさに資本主義の金融化局面（監訳者が換言すれば金融的蓄積が資本蓄積の基軸的様式となる局面）と相互規定的・照応的に再編されている（McMichael 2012a）。同時に先進諸国だけでなく新興諸国・産油国もこれらの能動的主体となっているという意味で「多極化」（multi-centric）している点，新たな国家と資本（とりわけ金融化した資本）の結合体（nexus）が重要な担い手かつ制度・指針・規範設定者になっている点も，新しい重要な特徴であるとした（McMichael 2013a）。

2．本書（論文集）の主要論点

本書は，政治経済学的・社会学的な農業食料農村問題論の国際的第一級ジャーナルであるThe Journal of Peasant Studiesが，その2016年第43巻第3号で特集した「BERNSTEIN-MCMICHAEL-FRIEDMANN DIALOGUE ON FOOD REGIMES」の3論文を訳出したものだが，この論文集の論点は非常に多岐にわたっている。

その全貌をここに紹介するのは不可能であるし，また適当とも考えられないので，監訳者の視点から主要と思われる論点に絞って紹介したい。

論文の掲載順序がバーンスタイン，マクマイケル，フリードマンとなっているが，俯瞰的に見るとバーンスタインが主としてはマクマイケルのFR論，とりわけ第3FRである「企業FR」論に批判的疑問と論評を加え，マクマイ

ケルがそれへの反論を含みつつ自説をあらためて（あるいは新たに）展開する，これら両方を受けてフリードマンが双方のやり取りがFR分析の更なる可能性にとっていかなる意味をもつ論点になっているかを同氏固有の視点から再構成して，議論を今後に対して（また読者に対して）オープンにすることを試みている，という流れと理解できるだろう。

　こうした理解を前提に，以下ではまずバーンスタインがマクマイケルに提示している批判的疑問・論評の主要点，次にマクマイケルの反論・反批判および自説の展開の主要点，最後にフリードマンによる論点再構成と今後のFR分析への期待と思われる主要点を，それぞれ摘要することで紹介に代えたい。

（1）バーンスタインの批判的論点

　バーンスタインは本論文冒頭で言う，農業政治経済学（agrarian political economy）が「再起を遂げた」1960年代に学生・院生・研究助手時代を過ごしてその後当該分野での研究を牽引する存在となった。そのような自身の蓄積に立って資本主義の世界史的展開のもとでの農業転形（agrarian transformation），農民問題（peasant question）の推転，さらにそこでの農業「内部」と「外部」の力学と決定要因をめぐる諸論争という学説史において，フリードマンとマクマイケルの1989年論文を「『世界史的な観点』から『資本主義世界経済の発展と国家システムの軌道における農業の役割』を探求する」もの（本訳書，p.3；原論文，p.612），また「農業に関する資本主義世界経済の理論的・歴史的枠組み構築に利用できる手法」を「非常に豊富に」したものとして（同前）高く評価し，そこには「8つの重要な要素あるいは諸次元」があると理解した上で，論文前半で丁寧に両者の研究発展をトレースしている。

　その中でポスト第2FR＝第3FRについては，社会運動による既存（第2）FRが深刻化させる環境問題等に対する異議申し立て・抵抗とそれに対する資本の側の「選択的横奪」（selective appropriation）が生んだ「小売主

導によるフードサプライチェーンの再編成」，換言すると「環境政治」の台頭とその「収束」および「企業の再定置」とのせめぎ合いを通じて「結実するかも知れない」「新しいフードレジーム」としての「企業－環境FR」を提示したフリードマンと（本訳書，pp.26-28；原論文，pp.625-626），「国家は資本に従属し，市場のイデオロギーによって課されるルールに従う」新自由主義グローバリゼーションにおいて，「ダンピングによる農民の食料耕作からのグローバルな排除」「農産物輸出のための土地転換」などの形態による「略奪による蓄積」メカニズムをつうじて促進される「世界農業」化に基礎をおく「企業FR」の成立を[2]，「決定的かつ包括」的に主張するマクマイケル（本訳書，pp.28-29；原論文，pp.626-627）の分岐を指摘している。

　これらを前段として主としてはマクマイケルの「企業FR」論に対して，大きくは2つの批判的疑問・論評（論点）を提示している。

　第一の論点は，「人口問題」である。それは「飢餓は，グローバルな食料産出が全体として不足することによる」のではなく「所得分配の極端な不平等」と「基礎的食料の価格不安定性」が要因とすることで（換言するとそれら要因を解決すれば），「歴史的に前代未聞の速度で」増加する世界人口とその食料需要をいかに充たしうるかについて十分に検討・言及されていない，というものである。同様の疑問はより早い著作でも「『農民の道』の主唱者達は世界人口をどう養うかという問題をほとんど無視している」「この長期

2）マクマイケルの，国家が市場を従属させ利用する第2FR段階から市場が国家を従属する関係へ反転したのが，新自由主義グローバリゼーション段階の際立った特質という認識に立つからこそ，第3FRは「企業FR」と規定されるべきという主張に対しても，批判がある。例えばオテロは，（ア）新自由主義はしばしば言われるように国家による規制の緩和・撤廃ではなく新自由主義アジェンダを強制する一連の国際的および各国的法令という新規制であり，（イ）だからこそ第3FR＝新自由主義FRと規定すべきで，そこでの最もダイナミックなファクターも国家である，（ウ）企業FR論は世界経済・グローバル枠組みとその受益者としての企業だけが過度に強調されて，国民国家やその下のレベルの社会的エージェンシーがブラックボックスになっている，と批判している（Otero 2018, pp.37-38）。監訳者もこの問題指摘を共有している。

的問題はなぜ，どのように解決されるのか」と提起されていた（Bernstein 2009, p.255）。

　第二の論点は，第一と関連づけられるのだが，マクマイケルの企業FR論では上記要因がもたらす倒錯的な食料の過少消費と過剰消費という現象もまた，「現在の新自由主義的グローバリゼーション」における「資本主義の内在的破壊力」の一環である「工業化農業とアグリビジネス」の「決定的な悪徳」の責に帰されている（テーゼ）。それに対置されるのが「小規模農業者（small-scale farmers）の決定的な美徳」「農民の結集（peasant mobilisation）」でありそれが主導的に担う（ビア・カンペシーナを中心とする）「農民の道（peasant way）」（アンチテーゼ），またそれを核とする「食料主権運動」になっていると指摘する。

　これがなぜ批判的疑問なのかというと，このテーゼとアンチテーゼの措定が，「矛盾としての対立」（監訳者としては「矛盾」をさし当たり対立物の相互前提・統一と相互排除・闘争であり，それらの結果としてこそ一方による他方の止揚ないし否定の否定というより高次の総合に至る関係と理解しておく）ではなく，単なる「二項対立」になっている危険をはらむからだとする。「端的に言えば」，「複雑で矛盾した現実の究明」が「アグリビジネスの決定的な悪徳と小規模農業者の決定的な美徳の立証」，そのための「証拠固め」に置き換えられてしまうというのである。類似の批判はフリードマンからも寄せられている（後述）。さらにバーンスタインはこれらを，「スポンジ効果」（食料に関わる全ての「悪い」ことが企業農業の破壊の責に着せられて，ますます広範囲の多様な現象が「悪い」ことに同化させられる），「ロードローラー効果」（全てを包括してしまうテーゼの物語のために同時代史の説明が平板化されてしまう），「認識効果」（食料・農業に直接関係する諸問題だけでなく，生態系破壊，気候変化などおよそ全ての人が何かしらかかわるあまりに多くの今日的懸念事項を包含してしまう）という方法論的，認識論的な問題だと指摘している（本訳書，pp.50-52；原論文，pp.638-639）[3]。

　そしていかなる歴史段階においても小規模農業者における階級分化の力学

と実態の把握が資本主義と農業の政治経済学にとって不可欠の一環をなすと考えるバーンスタインは，それを否定することこそチャヤノフの遺産であり農民ポピュリズムの常であるとする。その上で，マクマイケルの「農民の道」の強調を「農民的転回（peasant turn）」と呼び，「農民の道」の擁護者達は農民間の階級的相違を承認しているとしても，それは「主要な敵である企業アグリビジネスに対する全ての『土地の人々』の団結という政治的目的に厳しく従属させられている」という意味で「分析的なものの政治的なものへの置き換え」であるとして，「農民ポピュリズム」に陥っているのではないかとの疑念を事実上呈しているのである（本訳書，pp.56-59；原論文，pp.641-642）。

　第一の批判的疑問に戻ると，「小規模農業者」「農民の道」による食料生産が果たして増大し続ける世界人口を養えるのか，その具体・実証的な検討はどうなっているのかという問題にもなる。

（2）マクマイケルによる自説の対置と補強・展開

　マクマイケル論文は，まず冒頭の要約にあるように，「農民的転回」という誤りだというバーンスタインの批判が，自らの「農業問題の再定式化」の論理を的確に捉えていない，つまり誤読・誤解にあることに焦点を当てると言明しており，必ずしもバーンスタインの上記のように整理できる批判的疑問の論点に沿った順序に合わせた叙述になっているわけではない。したがって，後者に照応させるためにはあちこちの論述をある程度再構成する必要がある。

3）監訳者は，バーンスタインがこれら「諸効果」と表現した，全ての「悪い」ことがもっぱら工業化農業とアグリビジネスの「決定的な悪徳」の責に帰され，それに対抗し解決する方途と主体が「決定的な美徳」とされる「農民の道」「農民の結集」「食料主権運動」にもっぱら体現されるようにも読み取れるマクマイケルの論述について，前者の「ブラックホール化」と後者の「オールマイティ化」と表現して，バーンスタインの批判的疑問と問題意識を共有すると述べたことがある（磯田 2019, p.57）。

168

　第一に，企業FR規定は，工業化農業と「世界農業」化を推進する企業的アグリビジネスが，その多様性や差異の分析を欠いた（分析的カテゴリーではなく政治的カテゴリーに取って換えられて平板化された）ほとんど全ての「悪いもの」の責を負う存在であり，それに対立する資本以外の「その他」としてほとんど全ての「美徳」を体現する「農民（農民性)」およびそれが担う「食料主権運動」という，単なる二項対立の構図になっているのか，という論点について見よう。

　この「対立」のうち前者の契機，つまり企業アグリビジネスの多様性や差異の分析については，フリードマンの（事実上の）指摘を借りれば，第1FRにおける欧州植民者農業からの小麦・食肉という賃金財食料のイギリスとそれを追う西欧資本主義諸国への供給と，そのイギリス・西欧諸国の植民地諸国からの補助的賃金財飲食料農産物および工業原料農産品の調達という2つの貿易軸，第2FRにおける3つの主要農業食料複合体，さらに可能的に登場しつつある「企業－環境FR」を構成する階級的に差異化された欧米等の食生活（階級的食生活）に照応して複線化している（巨大小売企業主導の）グローバル・サプライチェーンといった，「企業アグリビジネス」の具体的に多様な存在形態についての言及は，本論文ではなされていない[4]。

　後者の契機，つまり「農民（性)」については，自らは「食料主権運動」こそが「現代の企業フードレジームが一つの階級的プロジェクトであること」を明確化したと指摘し，それが「小規模生産者を収奪し，労働力を非正規化し再生産できない条件におとしめ」，「女性の社会的再生産労働を強化」しながら，「安価な賃金財食料を普遍化するもの」であると言及することで，決して階級分析を欠落させていないと事実上主張している（本訳書，p.78；原論文，p.656)。その上で，資本主義の農業政治経済学が農民の階級的カテ

4）ただし別の著作では，本文前述の「アグロフュエル・プロジェクト」を農業食料国際諸関係で具体的に担う主体として「食料燃料複合体」の登場を指摘しているように，農業食料複合体概念を放棄したとまでは言えない（McMichael 2009a, p. 290)。

ゴリー把握や階級分解論に固執することに対して，「ブラジルの土地なし労働者と，インドの中間・ブルジョワ農民組織との間の同盟」という事例に見られる「一件矛盾するような生産関係の本質」を，「考えられないような」「理解するの」が「困難」なものにしてしまっていると，反批判している（本訳書，p.69；原論文，p.651）。

　第二に，バーンスタインのいう「スポンジ効果」「ロードローラー効果」「認識効果」という疑問への回答である。マクマイケルはある意味でそうだとしている。すなわち「企業フードレジームは今日の世界における矛盾のもっとも重要な領域なのか」と問われれば「そうでもある」とし，ただし自分がそう捉えるのはバーンスタイとは異なる方法でであるという。曰く，企業FRが「食料とその生産手段を」「利潤追求に充足させ」ることで，「社会的な食料供給と土地・水路，栄養サイクル，そして生物多様性の修復」などを犠牲にし（本訳書，p.76；原論文，p.655），また企業的アグリビジネスは「社会的な食料供給と多面的機能から農業を排除すること」をつうじて「土地と水を金融資産として独占」し，「ますます所得不均衡が拡大する世界における富裕な消費者需要に合わせるべくバイオ燃料－遺伝子組み替え－食肉複合体を拡張」し，さらに世界をして「地球の生物的キャパシティを『凌駕』」せしめ，「地球規模での境界（気候変動，生物多様性，窒素循環）に到達」せしめ，「水資源問題や海洋酸性化などを深刻」ならしめるというように，極めて広範な地球的諸問題を問題視していると述べる（本訳書，p.86；原論文，p.660）。

　そして第一の論点にも立ち戻って関連するのだが，そこで対置される「農民」が主導する，あるいは「農民運動」としての「食料主権運動」は，以上のような広範な諸問題をもたらした「資本諸関係そのものの内部で形成されてきた」のであるから単なる二項対立ではない（矛盾としての対立である）とするにとどまらない（本訳書，p.83；原論文，p.658）。すなわちそれは「新自由主義的な『食料安全保障』に対抗するものとして」，「単に農民とか食料を問題にしているのではなく」，むしろ「国家システムの非民主的構造，

それによる社会的およびエコロジー的な不安定性，政治的・経済的・栄養的
な困窮化」を問題にしている（本訳書，p.74；原論文，p.654）。それはさら
に上述の地球的諸問題の「未来」をいかに「管理する」かという問いに「答
える重要な鍵」であり，「万能な回答を持ち合わせていない」とは言え，農
業食料生産の「工業的システムの重要な代替手段」，ひいては「国際機関，
国家，市民権，食料供給の在り方の変換に繋がる」のだと，その著しい包括
性を主張している。その意味では「認識効果」をむしろ肯定しているとも言
える。

　フードレジームの概念と分析の本質は，Friedmann and McMichael
(1989) 以来のフリードマンとマクマイケルによる展開から明らかなように，
農業食料国際諸関係の視点からの近現代資本主義批判であることはいうを待
たないが，それは「資本主義自体の歴史を把握する鍵」（本訳書，p.77；論文，
p.655），「フードレジームの継起的で地政学的な諸形態の形成」の観察・分
析によって「資本の政治史を明らかにする」（本訳書，p.90；原論文，p.662）
とまで言いうるのかが（やや極論するとフードレジーム分析が近現代資本主
義分析をカバーないし代替しうるとまで言えるのかが），論点になっている
ように考えられる。

　第三に，「農業ポピュリズム」「農民的転回」という批判への対論である。
まずマクマイケルはバーンスタインが「社会的カテゴリー」としての「農民
階級」と「現代の抵抗運動」（としての「農民運動」「食料主権運動」）とい
う「異物」を混同していると指摘する。その上で，自分が論じている「抵抗
運動」としてのそれは，「農民主導の将来に関するものではなく，20世紀後
半の世界食料秩序の中心的矛盾（新自由主義食料安全保障の幻想とそれが農
民の土地収奪と独占支配の構造をもたらしたこと）」を明確化して「食料と
エコロジーの新しい政治の到来」と「国際関係におけるモラル・エコノミー
に関心を向けたもの」（本訳書，p.68；原論文，p.651），「農民のユートピア
を回復することではなく，社会の農業的基盤に対する新自由主義的攻撃がも
らたす壊滅的な社会的かつエコロジカルな影響への抵抗を意味している」の

である（本訳書，p.73；原論文，p.653）。それがゆえに上のパラグラフで摘要したような「包括性」を有するということになる。

　また「農民性」を強調する「認識論的含意」は，「農民的農耕がフードレジームの矛盾に対する解決策であるという考えを超越」し，「小規模かつ多様な農耕システムに具現化された社会的・エコロジー的な関係の価値から何を学び得るか」という新しい価値理論の提起である（本訳書，p.74；原論文，p.654）。加えてその「政治力学」的含意は，「従来の近代主義的な言説において侮蔑的な呼称として」用いることで「正当化されてきた」，「小規模生産者」の「周縁化」を白日の下にさらし，「現在のフードレジームの政治力学の中心問題」である「超国籍経済とローカルな経済の緊張関係」（この中心問題認識自体が論点でもあるが）をほかでもない農民運動が「象徴」していることを政治化することにあるとする（本訳書，p.83；原論文，p.658）。

　最後の，第四の自説主張として，マクマイケルは自らの比較世界史の方法，あるいは「長期的な趨勢を循環的動向と組み合わせつつ『世界秩序』の変遷過程および基底の構造に関する分析」の方法として，「マルクスの方法を援用」している「統合比較（incorporated comparison）」を要約的に紹介している（本訳書，p.88；原論文，p.661）。この方法はMcMichael（1990）で提示・展開されているもので非常に複雑であり，詳細は本訳書のマクマイケル論文，それを肯定的に評価しているフリードマン論文，そして最終的には1990年論文そのものを参照していただきたい。その1990年論文の監訳者による理解を強いて極めて簡略に要約するならば，それは「社会学」（というより社会科学）においてあれこれの近現代世界史的諸段階の比較分析を行なう場合に，共進（並行的に進展）する対象の全体と部分をいかに結びつけて分析するかという方法論にかかわっており，主として国民国家をアプリオリに分析単位に据える近代化論が，諸国民国家間の比較ではそれらが共通する個体発生パターンをもちつつ，自己充足的な諸システムであるという進化理論に立脚していることで，一般性には複数の「特殊」な諸単位の単なる並列としてしかアプローチできないと批判する。いっぽうウォーラーステインの世

172

界資本主義システム論に代表される「包括比較（encompassing comparison）」は，対象とする大きな構造ないし過程の内部において，その部分をなす諸事象がもつ位置を選択し，それら諸位置の類似性ないし異質性を全体構造に対する関係の諸結果として説明する方法，言い換えると全体が諸部分を統御する（govern）という前提に立つ分析戦略であり，その結果諸事例と理論（概念）の関係は常に外在的にしか構築されず，（部分は全体の）機能を果たすに過ぎないという機能主義に陥ると批判する。

　それに対置されるのが自らの「統合比較」であり，それは個々の諸事例を特定の時間内部および継起的に進化する過程の諸産物として分析することで，例えば一個の国家システムの発展が相互に関連し合う諸国家の新しく登場する容貌として把握できる（統合比較の複線式研究形態）と同時に，特定の世界史的局面内部の空間内および空間をまたぐ多様な諸事例を，矛盾に満ちた全体の諸セグメントとしてクロスセクションに比較することで，部分と部分および部分と全体の基本構造がそれらの矛盾的なダイナミクスの産物として捉えられるようになる（統合比較の単線式研究形態），というものである。

　本論文に戻ると，こうした統合比較法の適用の枢要点を，一方での「食料生産における国際分業の再編，新興農業国の台頭，国際通貨に代わるグローバル金融関係，農業部門支持政策を排除しつつ農業輸出を促進する債務レジーム，WTO体制が推奨する『世界農業』化」と，それらがもたらす「モノカルチャー化」の結果である「単純化による化石燃料の増大」，「食料生産収量の低下，農業起源燃料によるカーボンオフセットと金融的投機による今日」の食料「インフレ効果」，「南北の食料暴動続発」，「バイオエコノミーとバイオ資本主義の勃興，石油市場と食料市場のいっそうの統合，貿易の多極化と『食料安全保障重商主義』の台頭によるフードレジームの地理的転形」，「『バリューチェーン』農業を促進するための官民パートナーシップを通じて『小規模生産者』に企業家的役割を担わせる」「世界農業」の再編など，他方でのそれらに対する必然的な抵抗と代替運動としての「農民／農業者の結集」や食料主権運動の「急激な促進」（本訳書，pp.91-92；原論文，pp.662-

663）といった，「フードレジームの『部分』」の「起源」ならびに「相互作用」をもとにフードレジーム「『全体』を捉え」ているのだとしている（本訳書，p.89；原論文，p.662）。

　この意味で，（農民階級とその分解論にもっぱら中心を据え続けるバーンスタイン流の「資本主義の農業問題」方法ではなく）自らの方法こそが，「マルクスの政治経済学の分析方法そのもの」，すなわち「歴史的構造の現象形態をただ具象化するのではなく，歴史具体的な全体を概念的に生み出すために歴史的構造を構成する諸関係の起源をたどる」ものだと言うわけである（本訳書，pp.89-90；原論文，p.662）。

（3）フリードマンによる論点の再構成と議論対象の拡張・オープン化

　フリードマンの結論的主張は冒頭の要約に尽くされている。すなわちまず，マクマイケルとバーンスタインの主要な相違点は，前者が「資本主義の主要矛盾は今日，農業に由来し，ありうべき将来はいずれにしても農業者によるものだろう」と主張するのに対し，後者が「資本主義は，すでに農業を完全に資本循環に吸収し，農業を全く多くの蓄積部門のうちのひとつに変え，主要な剰余労働の源泉のひとつにしている」と主張するところにある[5]。そして両者が直面することになった「重大な問題」は，フードレジーム・アプローチが，現在の矛盾を説明するのにも有用か，もし有用ならどのようにし

5）グローバリゼーション下における21世紀初め段階での，政治経済学的農業問題論を共編著でまとめたアクラム・ロドヒとケイの整理によれば，現代農業問題論は6つの説に分類することができ，そのうちバーンスタインのそれは「資本からはもはや切り離された，労働力問題としての農業問題（decoupled agrarian question of labor）」説と称される。その特徴は，農業はグローバルに資本蓄積過程から事実上切り離され，その周縁部に置かれるに至った，換言すると超国籍資本は農業の余剰資源へのアクセスを（その蓄積にとって）もはや必須条件とはしておらず，超国籍資本にとっての農業問題は解決されてしまった。かくして今日の農業問題は，グローバル規模に細分化され産業予備軍化させられた労働者階級の再生産問題という基本性格を持つに至っていると主張することだとしている（Akram-Lodhi and Kay 2009, pp. 24-25）。

てかであるとする。そしてフリードマンが到達したこの「問題」への両者の
論理的結論は，ともに「フードレジーム分析の有用性の終焉である」という，
いささかショッキングな印象を与えるものとなっている。なぜならマクマイ
ケルが強調する企業FRの「画期的」対立は食料主権が勝利するか，さもな
くば「破滅的な気候変動・種の死滅・経済的混乱・大量飢餓に敗北する」か
のいずれかであって，どちらにしても同レジームが最後のFRになるという
ロジックになる。いっぽうバーンスタインの「資本が農業を包摂していると
いう議論」は，もはや「固有の『農業問題』の終焉」を意味し，したがって
「資本蓄積において農業セクターだけを抜き出したり特別扱い」する必要も
「終焉」しているというロジックだからだ，と言うわけである（本訳書，
p.101；原論文，p.672）。

　しかしこのような（論理的には首肯できるが）「身も蓋もない」推論だけ
で終わることなく，フリードマンは両者が提起した論点を再構成し，さらに
両者に欠けている諸問題を挿入することで議論の場を拡張して，フードレ
ジーム分析の新たな可能性の地平を示唆しようとしていることに注目すべき
だろう。以下，それらのうち主要と思われる議論を摘要しよう。

　第一に，バーンスタインとマクマイケルとの相互批判的論点のうち，「企
業FR」と「農民（性や運動）」は単なる二項対立か本来の意味における矛盾
関係か，についてである。フリードマンは基本的にはバーンスタインの批判
に賛意を示している。すわなち，「『企業フードレジーム』という用語」は
「一体化した企業のアジェンダを意味」し，「人類の利益のために反対される
べきものであって」，「農業者はこの戦いの意味を理解した運動にまとまり，
運動をリードしているとされる」。しかし「こうした定式化は，景観，作物，
階級，国家関係の変化といったフードレジーム分析の中心的な評価を崩して
しまう」（損ねてしまう）（本訳書，p.103；原論文，p.673），「特定の作物，
地域および農業者のタイプからなる地域的および階級的『撚り糸』（例えば
小麦，家畜，耐久食品，水産養殖，園芸，油糧種子，コーヒー，バナナな
ど）」（撚り糸はthreads），つまりは「われわれが『複合体』と呼んできたも

の」の「問題を放棄」している，と（本訳書，p.107；原論文，p.675）。

　そしてフリードマンはマクマイケルが打ち出した「統合比較」方法論自体は肯定的に評価しつつ，しかし「企業FR」論ではその援用に事実上失敗していると指摘する。曰く，「マクマイケルの意図したところ」（前述1990年論文）は，「動的で自己形成的な全体の要素を比較並列させることによって，歴史的に根拠のある社会理論を発展させることであった」，つまり方法的「手続き」だったはずなのに，「『企業フードレジーム』は，『手続き』」を「回答で代替してしまう」，つまり「全体が転形するに際して『部分』（作物，地域，国家形態）が登場し消滅する余地を与えない」論理に陥っているのである（本訳書，p.106；原論文，p.674）。そうではなくて，「全体的変化のなかでの部分の変化」，つまり「階級的食生活や，食品加工とサービス，保存と調理」，さらには「漸進的な農耕の転換に携わる諸階級にとって決定的に重要だったほかの多くのものをぼんやりとしたままで分析の枠外に取り残してしまう」のだが，それら「部分の変化を同時に広く研究」すべきだ，と（本訳書，p.111；原論文，p.677）。

　第二に，しかしバーンスタインの「単なる二項対立」批判にもフリードマンは満足せず，その批判に内在する積極的な論点を「引き出す手がかりを」得ようとする。その展開は本訳書でのフリードマン論文後半で読み取れるように広範囲にわたるのだが，ここでは特に「手がかり」の起点にして最も重視されていると思われる，農耕と農業の区別について簡潔に言及しておく。

　フリードマンがとりわけ発展的な議論展開の可的起点として重視しているのが，バーンスタインが「閉鎖系内循環型農耕システム（closed-loop farming system）」と「工業的農業に典型的に見られる流過型の耕種・畜産生産システム（flow-through crop and livestock production systems）」を区別し，「資本は，農耕を従属させ，再構成し，究極的にはそれを農業に置き換える論理的傾向をもつ」と指摘したことである（本訳書，pp.112-113；原論文，pp.677-678）。これはバーンスタインの比較的近年の重要な単著で詳論されている概念・論理である（Bernstein 2010: p.64, pp.90-91, etc.）。フ

リードマンは，バーンスタインが前者から後者への移行傾向をいわば必然的・不可避的と見なし「ひとつの将来像しか認めない」と評価するのだが（つまりバーンスタインの資本による農業の全面的包摂説を批判しているのでもある），実はこの区別は以上のような意味での農耕もまた「人間と自然との新たな社会的関係に基づくのであれば未来の可能性をもちうる」と論点再構成することで，議論の前進的な開放を図っている（本訳書，pp.114-115；原論文，p.678）。

　すなわち「このアイデアは」，「健康的な食生活と結びついた生態学的に適合した農業システムの世界的にネットワーク化された未来へと航行することで，資本によって開放されてしまった自然と社会の循環を（再び）閉じるという可能性を加えることにある」からであり（別言するなら人間と自然の物質循環における裂け目の発展的な修復，あるいは否定の否定），だからこそこれまでの「フードレジーム分析の最良のものを引き出し，分析自体を変えることを可能」とし，FR分析を「将来につながる複雑な原動力にも開かれたものにする」と位置づける（同前）。

　そしてこのような文脈の中に（再）定置するならば，「農民」というカテゴリーも，その「旗」のもとに展開する「食料主権の政治プロジェクト」も，（常に分解過程にはあっても）「発言権，尊敬，自治権を要求する」ための「実際的な同盟関係」を築くことをつうじて「農耕地域を支配する都市と，識字能力者が支配する知識」（流過型工業的農業の知識・技術体系が代表する）による「周縁化の長い歴史からの脱却」として捉え直せば，「新しく（生態学的にだけでなく）政治的にも意味のあること」として，農業・食料に限定されない多様な「転換に関する」諸理論との「対話の拡大」をつうじて，フードレジーム分析の可能性が展望できるのではないか（本訳書，pp.120-121；原論文，p.681），というのがフリードマンの主張と理解されるのである。

　以上のようにマクマイケルとバーンスタインとの論争の論点を再構成した上で，「結論」の節で，フリードマンが重要と見なしているいくつかの世界

史的転換に関する諸理論を取り上げて，それらが農業・食料に対して必ずしも必要な考慮を払っていないがゆえに，フードレジーム分析の側もそうした一般的転換研究へと「対話の拡大」をすることで，決して終焉するのではなく，今後も有用性を維持できると示唆しているのである。

【付記】
　本監訳者解説は，JSPS科研費20H03091（代表・磯田宏）の助成を受けた研究成果の一部である。

訳者紹介

磯田　宏（九州大学大学院農学研究院教授）

清水池　義治（北海道大学大学院農学研究院准教授）

橋本　直史（徳島大学大学院社会産業理工学研究部講師）

村田　武（九州大学名誉教授）

フードレジーム論と現代の農業食料問題

2023年12月26日　第1版第1刷発行

　　　著　者　ヘンリー・バーンスタイン／フィリップ・マクマイケル／
　　　　　　　ハリエット・フリードマン
　　　監訳者　磯田 宏
　　　訳　者　清水池 義治・橋本 直史・村田 武
　　　発行者　鶴見 治彦
　　　発行所　筑波書房
　　　　　　　東京都新宿区神楽坂2－16－5
　　　　　　　〒162－0825
　　　　　　　電話03（3267）8599
　　　　　　　郵便振替00150－3－39715
　　　　　　　http://www.tsukuba-shobo.co.jp
　　　定価はカバーに示してあります

　　　印刷／製本　平河工業社
　　　ISBN978-4-8119-0668-3 3033